算得准
算得快

速算
数学脑

让思维开窍的 **33** 个计算秘诀

〔日〕高田老师◎著　　刘丹青◎译

北京科学技术出版社
100层童书馆

目　录

序言　欢迎来到高田老师的"速算教室" —————— 6

| 计算秘诀 | **1** | 凑整法 | **12** |

巧算 1　凑整法 加法篇 —————— 16
巧算 2　凑整法 乘法篇 —————— 20
巧算 3　拆分凑整 加法篇 —————— 28
巧算 4　拆分凑整 乘法篇 —————— 32

小算的小课堂
用数形结合的方法计算25×4 —————— 36

| 计算秘诀 | **2** | 得数不变 | **38** |

巧算 5　得数不变 加法篇 —————— 42
巧算 6　得数不变 减法篇① —————— 46
巧算 7　得数不变 减法篇② —————— 50
巧算 8　得数不变 乘法篇 —————— 54
巧算 9　得数不变 除法篇① —————— 58
巧算 10　得数不变 除法篇② —————— 62

电太的计算器小知识
我来为大家讲解运算符号 —————— 66

| 计算秘诀 | 3 | 乘法分配律 | 68 |

巧算 11	乘法分配律 分数的加法与减法篇	72
巧算 12	乘法分配律的变形 活用25×4和125×8篇	76
巧算 13	乘法分配律的变形 ×999篇	80

小算的小课堂
用长方形面积来理解"乘法分配律" —— 84

电太的计算器小知识
计算同一个算式，使用的计算器不同，得数可能不同 —— 85

| 计算秘诀 | 4 | 提取公因数 | 90 |

巧算 14	提取公因数 常见题型篇	94
巧算 15	提取公因数 变形篇	98
巧算 16	提取公因数 移动小数点篇	102

小算的小课堂
解决与圆有关的问题也可以使用"提取公因数"的方法 —— 106

| 计算秘诀 | 5 | 数列求和 | 110 |

巧算 17	数列求和 等差数列篇	114
巧算 18	数列求和 等比数列篇	118
巧算 19	数列求和 分数裂项求和篇	122
巧算 20	数列求和 两个连续自然数乘积的裂项求和篇	126

小算的小课堂
借助面积理解"等差数列求和" —— 130

| 计算秘诀 | **6** | **基准数** | **132** |

巧算 21	基准数 总数篇 ————————————	138
巧算 22	基准数 平均数篇 ————————————	142
巧算 23	基准数 多组平均数篇 —————————	146

小算的小课堂
用柱状图讲解"基准数" ———————————————— 150

| 计算秘诀 | **7** | **两位数 × 两位数** | **152** |

巧算 24	两位数 × 两位数 重复数的乘法篇 ————————	154
巧算 25	两位数 × 两位数 十位都是1的两位数乘法篇 ———	158
巧算 26	两位数 × 两位数 "合十"与相同数的乘法篇 ———	162

| 计算秘诀 | **8** | **神奇公式** | **166** |

巧算 27	神奇公式 999△×999◇篇 ————————————	170
巧算 28	神奇公式 多位数×9999篇 —————————————	174
巧算 29	神奇公式 平方差篇 ———————————————	178
巧算 30	神奇公式（□+○+1）×（□−○）篇 ———————	182
巧算 31	神奇公式 平方差的逆运算篇 ————————————	186
巧算 32	神奇公式 △×（△+1）−◇×◇篇 ———————	190
巧算 33	神奇公式 等量分数篇 ——————————————	194

后记　下一个轮到你了！ ————————————————— 198

欢迎来到
高田老师的"速算教室"

我叫加利，现在上六年级，我非常喜欢数学。因为我一直通过努力练习来提高笔算的速度，所以在我们班，我的笔算速度是最快的，遥遥领先于其他人。我也是班里唯一一个无论遇到什么数学难题都能用笔算快速解决的人。

加利，早上好！

早上好，今天我们也要努力学习数学！

她叫小算，是我的同学，也超级喜欢数学。

她尤其喜欢研究数与形的关系。

我一直很欣赏小算，小算也很欣赏班里笔算速度最快的我。

直到那个家伙转到我们学校……

嘿，加利！早上好！

啊，早上好。（喊！）

他来了！

他叫电太，前不久才和父母一同从国外回来。

在他之前就读的学校，大家好像都用计算器做计算题。

电太来的第一天，他就向我发起了计算挑战——他用计算器算，我用笔算。结果我一败涂地。

自此以后……

电太，我想向你请教一些计算题。教教我吧！

嘿，什么？讨论计算？我什么时候都乐意！

小算没有找我，而是找电太讨论计算题，真是太糟糕啦！

一天，我一个人无精打采地走在回家的路上，突然看见小算和电太正开心地聊着什么。

我好生气！

我朝和家相反的方向跑去。

我想在计算比赛中战胜电太！

我想算得比计算器还快！

到底怎么办才好？

到底怎么办才好？

忽然，一块广告牌映入我的眼帘："比计算器还要快！速算教室，欢迎前来免费体验。"

我带着好奇心走进了那间奇怪的教室。

 你好！

我是"计算达人"高田老师！

眼前出现了一位热情的叔叔，他身穿鲜红色马甲，戴着一副配有圆形镜片的眼镜。

我好像抓住了救命稻草，忍不住大叫起来。

我……我……我想算得比计算器还快！

听到我的话，老师立刻变得认真起来。

你好像遇到什么麻烦了，可以和我详细说说吗？

我把最近发生的事全部告诉了他。

我一直在努力提高笔算速度，和同样喜欢计算的小算志同道合。

但是，因为我在计算比赛中失利，小算和电太的关系更好了。

所以，我一定要算得比计算器还快，战胜电太。

不过，人真的能比计算器算得还快吗？

原来如此，我了解你的情况了。

先说结论：

人能比计算器算得快。

比如别人还在用计算器输入算式时，有些"算盘达人"就能算出这道题的得数。

只是，我的"速算教室"教授的既不是算盘的使用方法，也不是成为天才的方法。

而且，你在纸上列算式的速度可能也不会比现在更快。

我眼前一黑。

也就是说，我一辈子都无法战胜电太了吗？

当然不是！

你听好，加利。

这间"速算教室"教的是"计算方法"。

你不是一直以来都在努力提高笔算的速度吗？这非常好。即使升入初中和高中之后，笔算能力也会作为强有力的工具帮你解决很多问题。

但是真正的"计算达人"会巧用计算方法，像变魔术一样瞬间算出结果。

比如，算 56×375 只要 3 秒，算 9992×9995 只要 2 秒。

什么？

比计算器还快！

你想学习巧算吗？

当然想学！

好的！

那我们就在这间"速算教室"里一起快乐地探索吧！

学习了速算知识，今后遇到计算题时你就能加快速度，减

少犹豫，乘风破浪，除去困难。

那我们开始上课喽！

1

凑 整 法

计算 $87 + 59 + 13$，你需要多少秒？

预备，开始！

嗯……3 个数相加，按照从左往右的顺序计算，先算 $87 + 59$。

$$87 + 59 + 13$$
$$= 146 + 13$$
$$= 159$$

算出来啦！用了 10 秒。

这样太慢了！

如果用巧算的秘诀，只要 3 秒就能算出结果哟！

什么?!

你想学这个秘诀吗？

当然想学！

那么请仔细听。

第一个计算秘诀叫"凑整法"，就是先凑整十或整百等易于计算的整数的计算方法。

"凑整法"的运用

在只有加法的同级运算中，先计算哪一步都是可以的。

比如，计算 $2+3+4$，

可以先算 $2+3=5$，再算 $5+4=9$；

也可以先算 $3+4=7$，再算 $7+2=9$；

还可以先算 $2+4=6$，再算 $6+3=9$。

先计算任意两个加数的和，再加第三个加数，得数相同。

的确如此。

对于有 3 个及以上加数的加法算式，要先观察算式整体，找最容易计算的部分。如果找到了和是 10 或 100 等整十或整百数的两个加数，就先计算它们的和。

没有全局观，直接按照从左往右的顺序计算，往往比较耗时。

原来如此。

如果用"凑整法"计算 $87+59+13$，先算 $87+13=100$，再算 $100+59=159$。

这样，只需 3 秒就能算出结果。

另外，"凑整法"也可以用来计算有 3 个及以上乘数的乘法算式。观察算式整体，如果找到了积是 10 或 100 等整十或整百数的部分，就先计算它们的积。

接下来，还有 3 个乘法口诀，你一定要知道。

记住这 3 个乘法口诀，轻松掌握乘法"凑整法"：

$5 \times 2 = 10$	先找 5 和 2，再计算 $5 \times 2 = 10$。
$25 \times 4 = 100$	先找 25 和 4，再计算 $25 \times 4 = 100$。
$125 \times 8 = 1000$	先找 125 和 8，再计算 $125 \times 8 = 1000$。

记住啦！

好嘞！最后我们来思考这个问题。

$25 \times 73 \times 4$

做这道题时，一上来就计算 25×73 就很不合适。

就比如，

这样不合适！

更合适的做法是在蛋包饭上浇番茄酱。

同理，计算 $25 \times 73 \times 4$ 时，先算 25×4 才是最简便的算法。

计算 $25 \times 73 \times 4$ 时，先算 $25 \times 4 = 100$，再算 $100 \times 73 = 7300$。这样，心算只需 3 秒。

棒极了！接下来，试着运用"凑整法"来解决问题吧！

凑整法
加法篇

\ 先凑10、100、1000 /

难易度★☆☆☆ 脑力值★★☆☆ 实用性★★★★★

观察算式整体，找到可以凑 10、100 或 1000 的部分，最先进行计算。

没有全局观，直接按照从左往右的顺序计算，往往比较耗时。

例题 $87 + 59 + 13$

先算 $87 + 13 = 100$，再算 $100 + 59 = 159$。

$$87 + 59 + 13$$

先看个位
$7 + 3 = 10$

$87 + 13 = 100$

这两个数凑成100

$$= 100 + 59$$
$$= 159$$

算一算。

① 4 + 9 + 6

② 89 + 78 + 11

③ 54 + 67 + 33

④ 895 + 789 + 105

⑤ 33 + 78 + 45 + 22

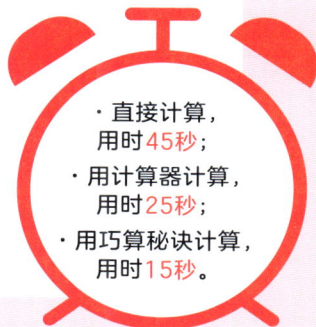

·直接计算，用时45秒；
·用计算器计算，用时25秒；
·用巧算秘诀计算，用时15秒。

① $4 + 9 + 6$

$\underbrace{\quad}$ $4+6=10$ ← 这两个数凑成10

$= 10 + 9$

$= 19$

② $89 + 78 + 11$ 先看个位

$89+11=100$ ← $9+1=10$

$= 100 + 78$ 这两个数凑成100

$= 178$

③ $54 + 67 + 33$ 先看个位

$67+33=100$ ← $7+3=10$

$= 54 + 100$ 这两个数凑成100

$= 154$

④ **895 + 789 + 105**　先看个位
5+5=10

895+105=1000

= **1000 + 789**　这两个数凑成1000

= **1789**

⑤ **33 + 78 + 45 + 22**　先看个位
8+2=10

78+22=100

= **100 + 78**　这两个数凑成100

= **178**

轻轻松松！

只需 15 秒就能算出结果！

我学会啦！

没错，就是这样！

你能熟练运用"凑整法"解题，我给你打 100 分！

巧算 2

凑整法
乘法篇

先找 5、25、125

难易度 ★☆☆☆☆　　脑力值 ★★☆☆　　实用性 ★★★★★

观察算式整体，找到可以凑 10、100 或 1000 的部分，最先计算这一步。

牢记以下 3 个乘法口诀，计算时千万不要忽略。

$5 \times 2 = 10$	先找 5 和 2，再计算 $5 \times 2 = 10$。
$25 \times 4 = 100$	先找 25 和 4，再计算 $25 \times 4 = 100$。
$125 \times 8 = 1000$	先找 125 和 8，再计算 $125 \times 8 = 1000$。

例题 $25 \times 73 \times 4$

先算 $25 \times 4 = 100$，再算 $100 \times 73 = 7300$。

$$25 \times 73 \times 4$$

$25 \times 4 = 100$

这两个数凑成100

$$= 100 \times 73$$
$$= 7300$$

算一算。

① $5 \times 7 \times 2$

② $49 \times 25 \times 4$

③ $8 \times 567 \times 125$

④ $2 \times 3 \times 4 \times 5 \times 6 \times 25$

· 直接计算，
用时60秒；
· 用计算器计算，
用时30秒；
· 用巧算秘诀计算，
用时15秒。

① $5 \times 7 \times 2$

　　$5 \times 2 = 10$

$= 10 \times 7$　　这两个数凑成10

$= 70$

② $49 \times 25 \times 4$

　　$25 \times 4 = 100$

$= 49 \times 100$　　这两个数凑成100

$= 4900$

③ $8 \times 567 \times 125$

　　$8 \times 125 = 1000$

$= 1000 \times 567$　　这两个数凑成1000

$= 567000$

④

这两个数凑成100

$$4 \times 25 = 100$$

$$2 \times 3 \times 4 \times 5 \times 6 \times 25$$

$$2 \times 5 = 10 \quad \leftarrow \quad 这两个数凑成10$$

$$= 10 \times 100 \times 18$$

$$= 18000$$

轻轻松松!

只需 15 秒就能算出结果!

我是最棒的!

太棒啦!

5 和 2、25 和 4、125 和 8 就像失散多年的朋友。

只要让它们重逢,计算就会变简单。

加利的疑问

减法也能使用"凑整法"吗?

问得好。

先说结论：可以用，但是需要特别注意。

比如，我们一起来思考下面这道题。

$$1000 - 150 - 50$$

一般情况下，这个减法算式该怎样计算?

这样计算：

$$1000 - 150 - 50$$
$$= 850 - 50$$
$$= 800$$

真棒! 那么，用"凑整法"怎样计算?

$150 - 50 = 100$，$1000 - 100 = \cdots\cdots$

咦? 怎么得数是 900 ?

900 不是正确答案。你知道哪里出错了吗?

想一想下面的问题。

你要去买1000元的东西,而你有两张现金抵扣券:一张150元，另一张 50 元。一共可以抵扣多少钱?

不对，不对！

两张现金抵扣券抵扣的数额反而比其中一张抵扣的更少了，消费者会生气的。

150 元抵扣券和 50 元抵扣券，一共抵扣多少元才对呢？

150 元 + 50 元 = 200 元，能抵扣 200 元。

真棒！

也就是说，用巧算的秘诀计算 1000 - 150 - 50，要先算 150 + 50 = 200，再算 1000 - 200。

原来如此！这样得数就是 800 啦。

有多个减数的减法算式凑整时，减数部分要做加法。

那么，怎样用"凑整法"计算除法呢？

这个问题也很有意义。

和减法一样，也需要特别注意。

比如，我们一起来思考下面这道题。

一般情况下，这个除法算式该怎样计算？

$$120 \div 20 \div 2$$

这样计算：

$$120 \div 20 \div 2$$
$$= 6 \div 2$$
$$= 3$$

真棒！那么，用"凑整法"怎样计算？

$20 \div 2 = 10$，$120 \div 10 = \cdots\cdots$

咦？怎么得数是 12？

12 不是正确答案。你知道哪里出错了吗？

啊，原来如此——

用"凑整法"计算有多个除数的除法算式时，第一个除号不变，除数部分做乘法。

先算 $20 \times 2 = 40$，再算 $120 \div 40$，得数是 3。

棒极了！

此外，计算除法时，还有另一种较为简便的方法，这种方法叫"分母大集合"。

分母大集合？

在计算连除或乘除混合的算式时，可以先把除法运算改写成分数的形式，把除数都放在分母中。

也就是说，像这样：

$$120 \div 20 \div 2$$
$$= \frac{120}{20 \times 2}$$

真棒！

接下来，可以先做分母中的乘法 $20 \times 2 = 40$，得到 $\frac{120}{40} = 3$；

也可以先约分，分子、分母同时除以公因数 20，得到 $\frac{6}{2} = 3$；

或分子、分母同时除以公因数 2，得到 $\frac{60}{20} = 3$。

这样就能降低错误率了。

我记住"分母大集合"这种方法了。

好嘞，那我们说回"凑整法"。

只要找到能凑整的部分，就可以用"凑整法"来计算。

但是，有时可能找不到能凑整的部分。

这时候就要用到另一个巧算方法——拆分凑整。

拆分凑整？

拆分凑整
加法篇

\ 创造条件凑百或凑千 /

难易度 ★★☆☆☆　脑力值★☆☆☆☆　实用性 ★★★☆☆

　　观察算式整体，找到接近整百或整千的加数，再把其他加数分解，使其中一部分和接近整百或整千的加数凑百或凑千。

例题 97 + 86

97 可以和 3 凑成 100，86 可以分成 3 和 83。

先算 97 + 3 = 100，再算 100 + 83 = 183。

$$97 + 86 \quad \text{将86分成两部分}$$

这两个数凑成100 　 3　83

$$= 100 + 83$$

$$= 183$$

算一算。

① **95 + 78**

② **67 + 98**

③ **997 + 796**

④ **99 + 998 + 75**

· 直接计算，
用时60秒；
· 用计算器计算，
用时25秒；
· 用巧算秘诀计算，
用时15秒。

① $95 + 78$ 把78分成两部分

$5 \quad 73$

这两个数凑成100

$= 100 + 73$

$= 173$

② $67 + 98$

把67分成两部分

$65 \quad 2$ 这两个数凑成100

$= 65 + 100$

$= 165$

③ $997 + 796$ 把796分成两部分

$3 \quad 793$

这两个数凑成1000

$= 1000 + 793$

$= 1793$

④　$99 + 998 + 75$　把75分成三部分

$1 \quad 2 \quad 72$

这两个数凑成100↗　　　↑这两个数凑成1000

$= 100 + 1000 + 72$

$= 1172$

轻轻松松!

只需 15 秒就能算出结果!

"拆分凑整"真好玩!

真棒!

学会"拆分凑整",就能更好地掌握这类计算!

牢记上面的话,继续探索"拆分凑整"的技巧吧!

巧算

4

拆分凑整
乘法篇

\ 找25和125的倍数 /

难易度★★☆☆☆　　脑力值★★☆☆☆　　实用性★★★★☆

先观察算式整体，如果乘数中有 5 的倍数、25 的倍数或 125 的倍数，就可以将其拆分，把算式改写成含有 5×2，25×4 或 125×8 等运算的形式。

25 的倍数	125 的倍数
75 → 25×3	375 → 125×3
125 → 25×5	625 → 125×5
175 → 25×7	875 → 125×7
225 → 25×9	1125 → 125×9

例题 75×36

75 可以拆分为 25×3，36 可以拆分为 4×9。

先计算 25×4＝100，再计算其余部分 3×9＝27。

$$75 \times 36$$
$$= 25 \times 3 \times 4 \times 9$$

25×4＝100

$$= 100 \times 27$$
$$= 2700$$

$$75 = \boxed{25} \times 3$$
$$\times$$
$$36 = \boxed{4} \times 9$$
$$100$$

把75和36分别分成两部分，之后凑成100

32

算一算。

① 12 × 35

② 175 × 24

③ 56 × 375

・直接计算，
　用时50秒；
・用计算器计算，
　用时25秒；
・用巧算秘诀计算，
　用时15秒。

答 案

① 12×35

$$= 2 \times 6 \times 5 \times 7$$

$2 \times 5 = 10$

$$= 10 \times 42$$

$$= 420$$

$12 = \boxed{2} \times 6$

$\times$

$35 = \boxed{5} \times 7$

$\boxed{10}$

把12和35分别分成两部分，之后凑成10

② 175×24

$$= 25 \times 7 \times 4 \times 6$$

$25 \times 4 = 100$

$$= 100 \times 42$$

$$= 4200$$

$175 = \boxed{25} \times 7$

$\times$

$24 = \boxed{4} \times 6$

$\boxed{100}$

把175和24分别分成两部分，之后凑成100

③ 56×375

$$= 8 \times 7 \times 125 \times 3$$

$8 \times 125 = 1000$

$$= 1000 \times 21$$

$$= 21000$$

$56 = \boxed{8} \times 7$

$\times$

$375 = \boxed{125} \times 3$

$\boxed{1000}$

把56和375分别分成两部分，之后凑成1000

轻轻松松！

只需 15 秒就能算出结果！

乘法运算也可用"拆分凑整"轻松搞定！

棒极了！

听好，加利，一定要记住下面我说的内容：

虽然 25 想和 4 凑整，但是 25 比较"腼腆"，经常藏在 175 等数里面；虽然 125 想和 8 凑整，但是 125 也比较"腼腆"，经常藏在 375 等数里面。而 175 和 375 的个位都是 5。你要特别关注算式中是否存在上述这些情况，存在的话，就可以尝试使用"拆分凑整"的方法了！

用数形结合的方法
计算25×4

用数形结合的方法思考 $25 \times 4 = 100$，会很有趣哟！

怎么用数形结合的方法思考？

因为 $25 = 5 \times 5$，所以可以把 25 看作边长为 5 厘米的正方形的面积。这样，25×4 就表示 4 个边长为 5 厘米的正方形的面积之和。4 个正方形像这样拼在一起……

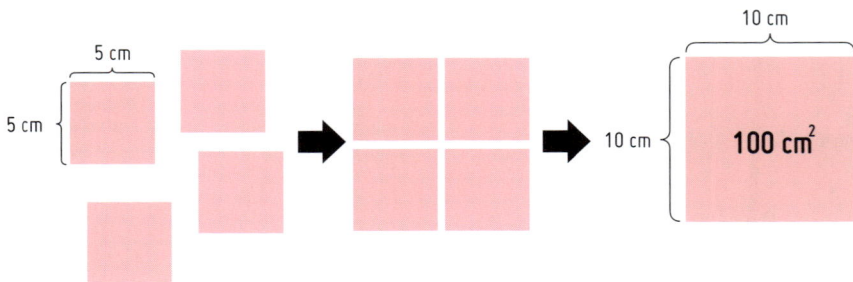

就变成边长为 10 厘米的正方形了！面积是 100 平方厘米。

真棒！另外，$125 \times 8 = 1000$，用数形结合的方法思考，也是很有意思的！

因为 125 = 5 × 5 × 5，所以可以把 125 看作棱长为 5 厘米的正方体的体积。这样，125 × 8 就表示 8 个棱长为 5 厘米的正方体的体积之和。8 个正方体像这样拼在一起……

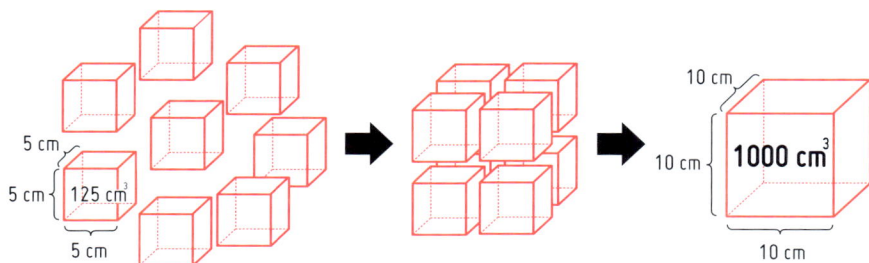

就变成棱长为 10 厘米的正方体了！体积是 1000 立方厘米。用数形结合的方法解决乘法问题，真有意思！

没错！用数形结合的方法解决计算问题很有意思！

2

得数不变

计算 497 + 456，你需要多少秒？

预备，开始！

嗯，列竖式计算，

```
   497
 +456
 ─────
   953
```

算出来啦！用了 10 秒。

这样太慢了！

如果用巧算的秘诀，只要 5 秒就能算出结果，而且只需要心算。

什么?!

你想学这个秘诀吗？

当然想学！

那么请听好了。

我们下面要学习的计算秘诀叫"得数不变"，是在确保得数与原式的相同的前提下，改写算式的方法。

"得数不变"的用法

你们班有这样的人吗，加利？

他长得帅，身材好，学习行，运动棒，却总是不修边幅。

有啊！

我总是想，这个人要是再多一点时尚感，就完美了。

实际上，497 和这个人差不多。

什么意思？

只要给这个人补上一点时尚感他就完美了，就像给 497 补上 3 就能变成 500，计算就变简单了。

的确如此。

因此，计算 497 + 456 时，可以先把 497 写成 500。

原来如此——这样，500 + 456 = 956。咦，正确答案不是 953 吗？改写算式后，得数改变了，这样不行吧？

是的，这样不行！

把 497 + 456 直接改写成 500 + 456 是不对的。

改写算式时，得保证得数与原式的相同。记住，秘诀是"得数不变"。

得数不变！得数不变！

好的，记住啦！

用"得数不变"的秘诀计算加法时，一个加数加上几，另一个加数就要减去几。比如 497＋456，前面的加数 497 加上 3，后面的加数 456 就要减去 3，这样……

$$497＋456＝?$$

＋3↓　↓－3　↓得数相同

$$500＋453＝?$$

哦，500＋453 很简单，得数是 953！

答案正确！

真棒！

这就是"得数不变"的威力！

真厉害！

那么，"得数不变"适用于减法、乘法和除法的计算吗？

问得好。

结论是可以使用。但是由于改写的方式不同，使用时要谨慎。

四则运算中"得数不变"的计算规则：

加法 一个加数加上一个数，另一个加数减去这个数，和不变。

减法 被减数和减数同时加上同一个数，或者被减数和减数同时减去同一个数，差不变。

乘法 一个乘数乘一个数（0 除外），另一个乘数除以这个数，积不变。

除法 被除数和除数同时乘同一个数（0 除外），或者被除数和除数同时除以同一个数（0 除外），商不变。

啊？这么多呀，听得我迷迷糊糊的！

这个计算规则只能死记硬背吧？

不用死记硬背。

但是，计算时要谨慎一些，时刻问自己：用哪种方法改写算式才能得到正确答案呢？

明白啦！

好嘞！接下来，尝试运用"得数不变"的秘诀来解决问题吧！

得数不变
加法篇

\ 加上与减去同一个数 /

难易度★★☆☆☆　脑力值★★☆☆☆　实用性★★☆☆☆

用"得数不变"秘诀计算加法时,一个加数加上一个数,另一个加数减去同一个数,和不变。

$$7 + 8 = 15$$
$+3\downarrow \quad \downarrow -3 \quad \downarrow$ 得数不变
$$10 + 5 = 15$$

例题 997 + 645

这道题按正常运算顺序计算的话,需要进位,算起来很麻烦。

如果把 997 换成 1000,再计算就容易多了。

先用加数 997 加 3 凑成 1000,再用加数 645 减去之前加上的 3,和不变。

$$997 + 645$$
$+3\downarrow \qquad \downarrow -3$
$$= 1000 + 642$$
$$= 1642$$

⚠️ 加上的和减去的必须是同一个数
加上3,必须再减去3

练习题

算一算。

① 999 + 314

② 289 + 994

③ 497 + 568

④ 3时53分 + 5时39分

· 直接计算，
用时60秒；

· 用计算器计算，
用时30秒；

· 用巧算秘诀计算，
用时20秒。

①   999 + 314

      +1↓   ↓−1

= 1000 + 313

= **1313**

②   289 + 994

      −6↓   ↓+6

= 283 + 1000

= **1283**

③   497 + 568

      +3↓   ↓−3

= 500 + 565

               500 65

这两个数凑成1000 ↗

= 1000 + 65

= **1065**

④　　3时53分 + 5时39分

　　　+7分↓　　　　　↓−7分

＝ 4时　　　+ 5时32分

＝ 9时32分 ←

轻轻松松!

只需 20 秒就能算出结果!

我学会啦!

真棒!

稍稍改动加法算式就能使计算变得简单。

同样的道理，刚才你提到的那位同学只要稍稍做出改变，

就能变得更完美。

你也要注意仪容哟，这一点也能改善别人对你的印象呢!

得数不变
减法篇①

\ 被减数和减数加上同一个数 /

难易度 ★★☆☆☆　　脑力值 ★★☆☆☆　　实用性 ★★★☆☆

用"得数不变"秘诀计算减法时，被减数和减数同时加上同一个数，差不变。

$$15 - 8 = 7$$

+2↓　　↓+2　↓得数不变

$$17 - 10 = 7$$

例题　$1234 - 999$

这道题按正常运算顺序计算的话，需要借位，算起来很麻烦。

但把 999 换成 1000，再计算就简单多了。

先用减数 999 加 1 凑千，再用被减数 1234 加上多减掉的 1，差不变。

$$1234 - 999$$

+1↓　　　↓+1

$$= 1235 - 1000$$

$$= 235$$

⚠️ 被减数和减数加上
的必须是同一个数
被减数和减数必须
同时加

算一算。

① **1783 − 997**

② **2345 − 1998**

③ **961 − 796**

④ **7时41分 − 3时53分**

· 直接计算，
用时60秒；
· 用计算器计算，
用时30秒；
· 用巧算秘诀计算，
用时20秒。

答　案

① 　　1783 － 　997

　　　＋3↓　　　↓＋3

　＝ 1786 － 1000

　＝ **786**

② 　　2345 － 1998

　　　＋2↓　　　↓＋2

　＝ 2347 － 2000

　＝ **347**

③ 　　961 － 796

　　　＋4↓　　　↓＋4

　＝ 965 － 800

　＝ **165**

④   7时41分－3时53分

+7分↓   ↓+7分

= 7时48分－4时

= 3时48分

轻轻松松!

只需 20 秒就能算出结果!

我是最棒的!

真棒!

稍稍改动减法算式就能使计算变得简单。

同样的道理，一个人只要稍稍做出改变，可能就会变得更受欢迎。

身为老师，我也要注意仪容，这样才能让大家更喜欢我!

巧算

7

得数不变
减法篇②

\ 被减数和减数减去同一个数 /

难易度 ★★☆☆　脑力值 ★★★☆　实用性 ★★★★★

用"得数不变"秘诀计算减法时，被减数和减数同时减去同一个数，差不变。

$$10 - 7 = 3$$
$$-1\downarrow \quad \downarrow -1\downarrow 得数不变$$
$$9 - 6 = 3$$

例题 $1000 - 234$

这道题按正常运算顺序计算的话，需要借位，算起来很麻烦。

但如果把 1000 换成 999，再计算就容易多了。

被减数 1000 和减数 234 同时减去 1，得数不变，避免了借位。

$$1000 - 234$$
$$-1\downarrow \qquad \downarrow -1$$
$$= 999 - 233$$
$$= 766$$

⚠ 被减数和减数减去的必须是同一个数

被减数和减数必须同时减1

← 之后列竖式，相同数位对齐做减法

```
    9 9 9
  - 2 3 3
  ───────
    7 6 6
```

算一算。

① **1000 − 357**

② **1000 − 579**

③ **1002 − 357**

④ **7时3分 − 2时24分**

· 直接计算，
　用时60秒；
· 用计算器计算，
　用时30秒；
· 用巧算秘诀计算，
　用时20秒。

① $1000 - 357$

　　$-1 \downarrow$　　$\downarrow -1$

$= 999 - 356$　←　之后列竖式，相同数位
对齐做减法

$= \textbf{643}$

$$\begin{array}{r} 9\ 9\ 9 \\ -\ 3\ 5\ 6 \\ \hline 6\ 4\ 3 \end{array}$$

② $1000 - 579$

　　$-1 \downarrow$　　$\downarrow -1$

$= 999 - 578$　←　之后列竖式，相同数位
对齐做减法

$= \textbf{421}$

$$\begin{array}{r} 9\ 9\ 9 \\ -\ 5\ 7\ 8 \\ \hline 4\ 2\ 1 \end{array}$$

③ $1002 - 357$

　　$-3 \downarrow$　　$\downarrow -3$

$= 999 - 354$　←　之后列竖式，相同数位
对齐做减法

$= \textbf{645}$

$$\begin{array}{r} 9\ 9\ 9 \\ -\ 3\ 5\ 4 \\ \hline 6\ 4\ 5 \end{array}$$

④　　7时3分　－2时24分

　　　　－4分↓　　　↓－4分

　＝　6时59分　－2时20分

　＝　4时39分

之后列竖式，相同
数位对齐做减法

$$
\begin{array}{r}
6 : 5\,9 \\
-\ 2 : 2\,0 \\
\hline
4 : 3\,9
\end{array}
$$

轻轻松松！

只需 20 秒就能算出结果！

我就是计算小能手！

太棒啦！

前三道题中，被减数变成 999 之后，减法算式变得特别简单。

得数不变
乘法篇

\ 相同的数，一乘一除 /

难易度 ★★☆☆　脑力值 ★★☆☆　实用性 ★★★★☆

用"得数不变"秘诀计算乘法时，如果一个乘数乘一个数（0除外），另一个乘数除以这个数，积不变。

$$4 \times 6 = 24$$
$$\times 2 \downarrow \quad \downarrow \div 2 \quad \downarrow 得数不变$$
$$8 \times 3 = 24$$

尤其是在乘数为小数且小数部分最后一位是 5 的情况下，将该乘数通过乘 2、4 或 8 等数使其变成整数，再进行计算会更快。

例题 16×3.5

把 3.5 换成整数 7，算起来更容易。

先用乘数 3.5 乘 2，再用另一个乘数 16 除以 2，积不变。

$$16 \times 3.5$$
$$\div 2 \downarrow \quad \downarrow \times 2$$
$$= 8 \times 7$$
$$= 56$$

⚠️ 乘的数和除以的数必须是同一个数
一个乘数乘2，另一个乘数除以2

算一算。

① 18 × 4.5

② 0.25 × 36

③ 56 × 0.125

④ 28 × 2.25

· 直接计算，
  用时60秒；
· 用计算器计算，
  用时30秒；
· 用巧算秘诀计算，
  用时20秒。

① 18×4.5

  $\div 2\downarrow \quad \downarrow \times 2$

  $= 9 \times 9$

  $= 81$

② 0.25×36

  $\times 4\downarrow \quad \downarrow \div 4$

  $= 1 \times 9$

  $= 9$

③ 56×0.125

  $\div 8\downarrow \quad \downarrow \times 8$

  $= 7 \times 1$

  $= 7$

④ 28×2.25

$\div 4 \downarrow \quad \downarrow \times 4$

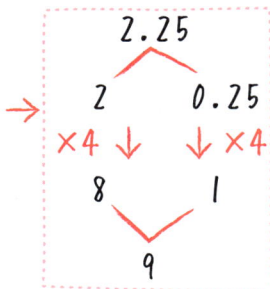

$= 7 \times 9$

$= 63$

轻轻松松!

只需 20 秒就能算出结果!

我又学会一招!

棒极了!最后这个乘法算式也可以多次使用"一个乘数除以 2,另一个乘数乘 2"的方法计算。

$$28 \times 2.25$$

一半($\div 2$)$\downarrow$　　$\downarrow 2$倍($\times 2$)

$$= 14 \times 4.5$$

一半($\div 2$)$\downarrow$　　$\downarrow 2$倍($\times 2$)

$$= 7 \times 9$$

$$= 63$$

用"一半和 2 倍"的方法来计算乘法既省时又省力,真是事半功倍呀!

做乘法时如果尽可能地用这个方法,就太省劲啦!

得数不变
除法篇①

＼ 被除数和除数乘相同的数 ／

难易度 ★★☆☆☆　　脑力值 ★★☆☆☆　　实用性 ★★★☆☆

用"得数不变"秘诀计算除法时，被除数和除数同时乘相同的数（0除外），得数（商）不变。

用此法计算有余数的除法时，要注意被除数和除数同时乘2，商不变，但余数也变为原来的2倍（如右图）。

$$15 \div 5 = 3$$

×2↓　　　↓×2　　↓得数不变

$$30 \div 10 = 3$$

$$19 \div 5 = 3 \quad \cdots\cdots 4$$

×2↓　　　↓×2　　↓商不变
余数×2

$$38 \div 10 = 3 \quad \cdots\cdots 8$$

例题 $14 \div 3.5$

把3.5变成7，再计算就容易多了。

先将除数3.5乘2得7，再将被除数乘2，商不变。

$$14 \div 3.5$$
×2↓　　↓×2

→ 除数乘2，被除数也要乘2

$$= 28 \div 7$$

⚠ 必须乘同一个数

$$= 4$$

算一算。

① 36 ÷ 4.5

② 21 ÷ 0.25

③ 11 ÷ 0.125

④ 18 ÷ 2.25

· 直接计算，
用时60秒；
· 用计算器计算，
用时30秒；
· 用巧算秘诀计算，
用时20秒。

① $36 \div 4.5$

$\times 2 \downarrow \qquad \downarrow \times 2$

$= 72 \div 9$

$= 8$

② $21 \div 0.25$

$\times 4 \downarrow \qquad \downarrow \times 4$

$= 84 \div 1$

$= 84$

③ $11 \div 0.125$

$\times 8 \downarrow \qquad \downarrow \times 8$

$= 88 \div 1$

$= 88$

④ $18 \div 2.25$

$\times 4\downarrow \quad \downarrow \times 4$

$= 72 \div 9$

$= 8$

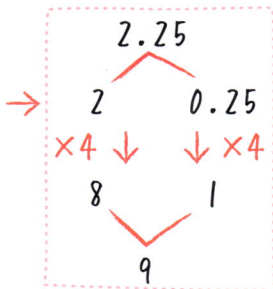

轻轻松松!

只需 20 秒就能算出结果!

我进步很快吧!

棒极了! 最后这个除法算式还可以连续使用"被除数和除数同时扩大到原来的 2 倍"的方法简化计算。

$18 \div 2.25$

$(\times 2)$

2倍$\downarrow \quad \downarrow$2倍$(\times 2)$

$= 36 \div 4.5$

$(\times 2)$

2倍$\downarrow \quad \downarrow$2倍$(\times 2)$

$= 72 \div 9$

运用这一方法,解题会更加轻松。

我决定以后做除法尽可能地用这个方法,太简单啦!

得数不变
除法篇②

\ 被除数和除数除以相同的数 /

难易度★★☆☆☆　脑力值★★☆☆☆　实用性★★★☆☆

用"得数不变"秘诀计算除法时，被除数和除数同时除以同一个数（0除外），得数（商）不变。

用此法计算有余数的除法时要注意，被除数和除数同时除以2，商不变，但余数也变为原来的一半（如右图）。

$$24 \div 6 = 4$$
$\div 2 \downarrow \quad \downarrow \div 2 \quad \downarrow$ 得数不变
$$12 \div 3 = 4$$

$$26 \div 6 = 4 \quad \cdots\cdots 2$$
$\div 2 \downarrow \quad \downarrow \div 2 \quad \downarrow$ 商不变
$$13 \div 3 = 4 \quad \cdots\cdots 1$$ 余数÷2

例题 $96 \div 24$

被除数96和除数24都能被3整除……

$$96 \div 24$$
$\div 3 \downarrow \quad \downarrow \div 3$
$$= 32 \div 8$$
$$= 4$$

→ 被除数除以3，除数也要除以3

⚠ 必须除以同一个数

相同
$96 = 32 \times 3$
$24 = 8 \times 3$

算一算。

① 144 ÷ 18

② 189 ÷ 27

③ 252 ÷ 36

· 直接计算，
用时40秒；
· 用计算器计算，
用时20秒；
· 用巧算秘诀计算，
用时15秒。

① $144 \div 18$

$\div 2 \downarrow \qquad \downarrow \div 2$

$= 72 \div 9$

$= 8$

相同
$144 = 72 \boxed{\times 2}$
$18 = 9 \boxed{\times 2}$

② $189 \div 27$

$\div 3 \downarrow \qquad \downarrow \div 3$

$= 63 \div 9$

$= 7$

相同
$189 = 63 \boxed{\times 3}$
$27 = 9 \boxed{\times 3}$

③ $252 \div 36$

$\div 4 \downarrow \qquad \downarrow \div 4$

$= 63 \div 9$

$= 7$

相同
$252 = 63 \boxed{\times 4}$
$36 = 9 \boxed{\times 4}$

轻轻松松!

只需 15 秒就能算出结果!

感觉越做越熟练啦!

太棒啦!

最后这个除法算式也可以连续使用"被除数和除数同时缩小到原来的一半"的方法计算。

$$252 \div 36$$

一半($\div 2$) ↓   ↓ 一半($\div 2$)

$$= 126 \div 18$$

一半($\div 2$) ↓   ↓ 一半($\div 2$)

$$= 63 \div 9$$
$$= 7$$

相同
$$252 = 126 \times 2$$
$$36 = 18 \times 2$$

相同
$$126 = 63 \times 2$$
$$18 = 9 \times 2$$

实际上,这一思路与"化简比"和"分数的约分"本质是相同的,如果你熟练掌握这种思路,那么除法运算就再也难不倒你啦!

我来为大家讲解

运算符号

世界上有很多符号都可以作为除号。

真的吗？除了"÷"，还有哪些符号可以作为除号？

有些国家使用"："（上下两个点）作为除号。

咦？那不是"比"的符号吗！

也有一些国家使用"/"（斜线）作为除号。

咦？斜线也可以作为分数线使用呀！比如1/3（三分之一）。

对呀！"除法""比"和"分数"本质上是相同的。
因此，"÷"":"和"/"表示的意思差不多，我们可以把"除法的简便运算""化简比"和"分数的约分"看成同一类运算。

原来如此！

除了除号，还有各式各样的乘法运算符号。

小学中低年级时，通常用"×"作为乘号；而升入高年级后，也会用"·"作为乘号。

我知道，但这样做有什么意义？

小学高年级会接触到含有未知数 x、y 等的方程式。

如果继续用"×"作为乘号，就容易发生"x"和"×"混淆的情况，出现歧义。

因此，小学高年级以后经常用"·"作为乘号。

$$3\,x\,y$$

如果用手写，容易分不清"$3 \times y$"和"$3xy$"

原来如此，我明白啦！

另外，编程时，人们习惯用"+"（加）作为加号，用"−"（减）作为减号，用"*"（星号）作为乘号，用"/"（斜线）作为除号。

原来如此 +（*−*）/。

3 乘法分配律

计算 $\left(\frac{1}{2} + \frac{1}{3} + \frac{1}{4}\right) \times 12$，你需要多少秒?

预备，开始!

嗯……先算括号里分数的和，再算和与 12 的积。

$$\left(\frac{1}{2} + \frac{1}{3} + \frac{1}{4}\right) \times 12$$
$$= \left(\frac{6}{12} + \frac{4}{12} + \frac{3}{12}\right) \times 12$$
$$= \frac{13}{12} \times 12$$
$$= 13$$

算出来啦! 用了 10 秒。

还是有点慢哟!

如果用巧算的秘诀，只要 5 秒就能算出结果哟! 而且不用求分数的和。

什么?!

你想学习这个秘诀吗?

当然想学!

那么请听好了。

这个计算的秘诀叫"乘法分配律"。

先"分配"，再算"乘法"，最后算"和"。

"乘法分配律"的用法

根据四则运算法则，算式里有括号，要先算括号里面的算式。

我当然知道啦！先求括号里分数的和。

一般情况下，这样做是没有问题的。

但有更简便的算法。

两个数的和与一个数相乘，先把括号里的两个加数分别和括号外的乘数相乘，再把积相加，像这种先"分配"，再算乘法，最后求和的方法叫"乘法分配律"。

乘法分配律！乘法分配律！

我记住啦！

下面，我们试着用正常运算顺序和"乘法分配律"分别计算 $(8+3+1) \times 0.4$ 吧！

用正常运算顺序计算，是这样的：

$$(8+3+1) \times 0.4$$
$$= 12 \times 0.4$$
$$= 4.8$$

再用"乘法分配律"计算：

$$（8 + 3 + 1）\times 0.4$$
$$= 8 \times 0.4 + 3 \times 0.4 + 1 \times 0.4$$
$$= 3.2 + 1.2 + 0.4$$
$$= 4.8$$

得数相同！

用正常运算顺序计算就好比把蔬菜放在一起再抹上蛋黄酱。

$$\underset{\text{蔬菜}}{（8 + 3 + 1）} \underset{\text{蛋黄酱}}{\times 0.4}$$
$$= \underset{\substack{\text{放在一起}\\\text{的蔬菜}}}{12} \underset{\text{蛋黄酱}}{\times 0.4}$$

而使用"乘法分配律"计算则好比先给每种蔬菜分别抹上蛋黄酱，再把它们放在一起。

$$\underset{\text{蔬菜}}{（8 + 3 + 1）} \underset{\text{蛋黄酱}}{\times 0.4}$$
$$= \underset{\substack{\text{一种菜 蛋黄酱}}}{8 \times 0.4} + \underset{\substack{\text{一种菜 蛋黄酱}}}{3 \times 0.4} + \underset{\substack{\text{一种菜 蛋黄酱}}}{1 \times 0.4}$$

原来如此，简单易懂。

但是，这道题按正常运算顺序计算是不是更简单？

是的。一般情况下，先算括号里的算式是没有问题的。

但是，像 $\left(\dfrac{1}{2} + \dfrac{1}{3} + \dfrac{1}{4} \right) \times 12$ 这种括号里是分数的加法或减法的情况，就适合用"乘法分配律"计算。

$$\left(\frac{1}{2} + \frac{1}{3} + \frac{1}{4}\right) \times 12$$
$$= \frac{1}{2} \times 12 + \frac{1}{3} \times 12 + \frac{1}{4} \times 12$$
$$= 6 + 4 + 3$$

分数消失了，这样就能心算啦。得数是 13。

真棒！接下来，尝试使用"乘法分配律"来解决问题吧！

乘法分配律
分数的加法与减法篇

\ 分配乘数，消灭分数 /

难易度★★☆☆☆　脑力值★★★☆☆　实用性★★★★☆

做括号里有分数的加减法，且括号外是乘法的运算时，可以按照"分配→相乘→求和或差"的步骤解题。

例题 $\left(\dfrac{1}{2} + \dfrac{1}{3} + \dfrac{1}{4}\right) \times 12$

①　②　③　　　分配

$\left(\dfrac{1}{2} + \dfrac{1}{3} + \dfrac{1}{4}\right) \times 12$

$= \dfrac{1}{2} \times 12 + \dfrac{1}{3} \times 12 + \dfrac{1}{4} \times 12$

①相乘　　②相乘　　③相乘

$= 6 + 4 + 3$

↓求和

$= 13$

练习题

算一算。

① $\left(\dfrac{1}{4} + \dfrac{1}{6}\right) \times 36$

② $60 \times \left(\dfrac{1}{12} + \dfrac{1}{15} + \dfrac{1}{20}\right)$

③ $\left(\dfrac{1}{30} - \dfrac{1}{40} + \dfrac{1}{48}\right) \times 480$

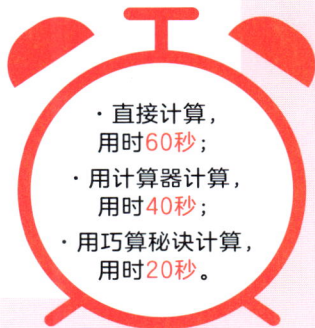

·直接计算，
用时60秒；

·用计算器计算，
用时40秒；

·用巧算秘诀计算，
用时20秒。

①

$$\left(\frac{1}{4} + \frac{1}{6}\right) \times 36$$

$$= \frac{1}{4} \times 36 + \frac{1}{6} \times 36$$

$$= 9 + 6$$

$$= 15$$

②

$$60 \times \left(\frac{1}{12} + \frac{1}{15} + \frac{1}{20}\right)$$

$$= 60 \times \frac{1}{12} + 60 \times \frac{1}{15} + 60 \times \frac{1}{20}$$

$$= 5 + 4 + 3$$

$$= 12$$

③

$$\left(\frac{1}{30} - \frac{1}{40} + \frac{1}{48}\right) \times 480$$

$$= \frac{1}{30} \times 480 - \frac{1}{40} \times 480 + \frac{1}{48} \times 480$$

$$= 16 - 12 + 10$$

$$= 14$$

轻轻松松!

只需 20 秒就能算出答案!

真厉害!

棒极了!

只要熟练使用"乘法分配律",你成为天才就不在话下!

乘法分配律的变形
活用25×4和125×8篇

\ 拆分后与25或125凑整 /

难易度 ★★☆☆　脑力值 ★★★☆　实用性 ★★★★

乘法算式中若有 25 或 125，就可以像下面这样改写算式，然后按照"分配→相乘→求和或差"的步骤解题。

$25 \times ○$ → $○ \div 4 = □$ 余 $△$ → 改写成 $25 \times (4 \times □ + △)$

$125 \times ○$ → $○ \div 8 = □$ 余 $△$ → 改写成 $125 \times (8 \times □ + △)$

例题 25×29

$$25 \times 29$$
$$= 25 \times (4 \times 7 + 1)$$

分配　①　②

找到25
$29 \div 4 = 7 \cdots\cdots 1$，把
29改写成 $4 \times 7 + 1$

$$= 25 \times 4 \times 7 + 25 \times 1$$

①相乘　　②相乘

$25 \times 4 = 100$

$$= 100 \times 7 + 25$$
$$= 700 + 25$$
$$= 725$$

算一算。

① 25 × 13

② 73 × 125

③ 125 × 19

· 直接计算，
用时50秒；
· 用计算器计算，
用时25秒；
· 用巧算秘诀计算，
用时20秒。

① 25×13
$= 25 \times (4 \times 3 + 1)$

$= 25 \times 4 \times 3 + 25 \times 1$

$25 \times 4 = 100$
$= 100 \times 3 + 25$
$= 300 + 25$
$= 325$

② 73×125
$= (8 \times 9 + 1) \times 125$

$= 8 \times 9 \times 125 + 1 \times 125$

$8 \times 125 = 1000$
$= 9 \times 1000 + 125$
$= 9000 + 125$
$= 9125$

③ $125 \times \boxed{19}$

$= 125 \times (8 \times \boxed{2} + 3)$ ① ②

找到125
$19 \div 8 = \boxed{2} \cdots 3$，把
19改写成$8 \times \boxed{2} + 3$

$= 125 \times 8 \times \boxed{2} + 125 \times 3$ ① ②

$125 \times 8 = 1000$

$= 1000 \times \boxed{2} + 375$

$= \boxed{2}\,000 + 375$

$= 2375$

轻轻松松！

只需 20 秒就能算出答案！

我进步很快吧！

棒极了！

另外，最后这道题也可
以用如右图所示的方法
来解答。
利用除法算式中的"商"
和"余数"，一口气算出得数。

125×19

找到125　$19 \div 8 = \boxed{2} \cdots \triangle{3}$

$\boxed{2}$个125×8　　$\triangle{3}$个125

$= 2000 + 375$
$= 2375$

这种算法真好，真好，真好！

你比我想象的还要厉害。

乘法分配律的变形
×999篇

\ 99和999等都是巧算的绝佳标志 /

难易度★★☆☆　　脑力值★★★☆☆　　实用性★★★★☆

乘法算式中若有接近 100 或 1000 的数，就可以像下面这样改写算式，然后按照"分配→相乘→求差"的步骤解题。

○ ×99	→	改写成○ ×(100 − 1)
○ ×98	→	改写成○ ×(100 − 2)
○ ×999	→	改写成○ ×(1000 − 1)
○ ×997	→	改写成○ ×(1000 − 3)

例题 678 × 999

$$678 \times \boxed{999}$$

找到999
把999改写成1000−1

$$= 678 \times (1000 - 1)$$
①　②

$$= 678 \times 1000 - 678 \times 1$$
①　　　②

$$= 678000 - 678$$
−1↓　　↓−1

"巧算7"
只用方框里的数
做减法即可

$$= 677\boxed{999} - \boxed{677}$$

$$= 677\boxed{322}$$

练习题

算一算。

① **57 × 99**

② **999 × 1234**

③ **314 × 9998**

·直接计算，
用时60秒；
·用计算器计算，
用时40秒；
·用巧算秘诀计算，
用时30秒。

答 案

① 57×99

$= 57 \times (100 - 1)$

> 找到99
> 把99改写成100-1

$= 57 \times 100 - 57 \times 1$

①   ②

$= 5700 - 57$

$= 56\boxed{99} - 56$

> "巧算7"
> 只用方框里的数
> 做减法即可

$= 56\boxed{43}$

② 999×1234

$= (1000 - 1) \times 1234$

> 找到999
> 把999改写成1000-1

$= 1000 \times 1234 - 1 \times 1234$

①   ②

$= 1234000 - 1234$

$= 123\boxed{3999} - \boxed{1233}$

> "巧算7"
> 只用方框里的数
> 做减法即可

$= 123\boxed{2766}$

③ 314×9998

$= 314 \times (10000 - 2)$

找到9998
把9998改写成10000-2

$= 314 \times 10000 - 314 \times 2$

$= 3140000 - 628$

$= 3139\boxed{999} - \boxed{627}$

$= 3139\boxed{372}$

"巧算7"
只用方框里的数
做减法即可

轻轻松松！

只需 30 秒就能算出结果！

我真厉害！

棒极了！减法的部分可以使用"巧算 7"（见第 50 页）的方法来计算。因为不涉及借位，算起来很容易。

两个巧算秘诀结合使用，会让计算变得更简单！

但是，这样做没问题吗？

没问题。另外，计算○ ×999 和○ ×9999 还有更快的巧算方法，我们将在"巧算 28"（见第 174 页）进行详细介绍。敬请期待。

用长方形面积来理解
"乘法分配律"

下面我来用长方形的面积给大家讲解"乘法分配律",简单易懂!

说来听听吧!

比如 5 × (2 + 3 + 4),可以把它想成宽 5 厘米、长 (2 + 3 + 4) 厘米的长方形的面积。

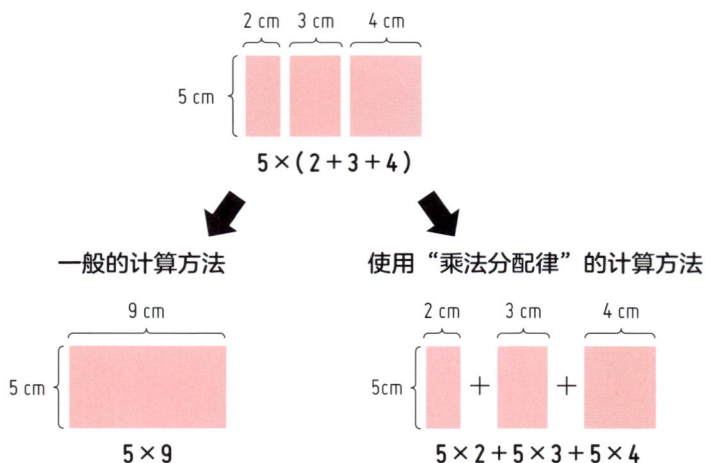

2 cm　3 cm　4 cm

5 cm

5 × (2 + 3 + 4)

一般的计算方法

9 cm

5 cm

5 × 9

使用"乘法分配律"的计算方法

2 cm　3 cm　4 cm

5cm ＋ ＋

5 × 2 + 5 × 3 + 5 × 4

两者的区别就在于,是把 3 个小长方形拼在一起算还是把 3 个小长方形分开算,太简单啦!

真棒!

计算同一个算式，使用的计算器不同，得数可能不同

如何用计算器计算 $\left(\frac{1}{4}+\frac{1}{6}\right)\times36$ ？

大家能用计算器算出得数吗？

请试着挑战一下吧！

其实智能手机的计算器和简单计算器[1]使用的计算方法是不同的。

如果你同时有这两种计算器，就试着挑战一下吧！

在开始计算之前，我先简单讲解一下智能手机的计算器和简单计算器的区别。

到底有什么区别呢？说来听听吧！

区别①

试着在两种计算器中分别输入"$2+3\times4=$"，就会发生不可思议的事情哟！

智能手机的计算器上，显示得数是 14。

嗯！

---

[1] 简单计算器：只能计算加减乘除的计算器。

根据四则运算法则，先算乘法和除法，后算加法和减法，如下：

$$2 + 3 \times 4$$
$$= 2 + 12$$
$$= 14$$

简单计算器上，显示得数是 20。

咦？得数不同！

这个计算器坏了吗？

不是计算器坏了，而是简单计算器只能按你输入的顺序依次计算，当输入"$2+3\times4=$"时，它会先算 $2+3=5$，再算 $5\times4=20$，得数就是 20 了！

这个我之前还真不知道！

原来，智能手机的计算器能按四则运算顺序计算，简单计算器只能按实际输入的顺序计算。

区别②

试着在两种计算器中分别输入"$1\div3\times3=$"，也会发生不可思议的事情哟！

在智能手机的计算器里输入"$1\div3\times3=$"。

嗯！得数是 1。

因为 $1\div3$ 不能整除，所以得到分数，笔算如下：

$$1 \div 3 \times 3$$
$$= \frac{1}{3} \times 3$$
$$= 1$$

在简单计算器里输入"$1 \div 3 \times 3 =$ "，显示得数是 0.99999999。

咦？得数不同！

这个计算器果然坏了！

不是坏了！

简单计算器不能计算分数，而且只能按你输入的运算顺序依次计算，因此输入"$1 \div 3 \times 3 =$ "后：

先算 $1 \div 3 = 0.33333333$，再算 $0.33333333 \times 3 = 0.99999999$，得数就成了 0.99999999。

原来如此！

咦？怎么在智能手机的计算器上输入"$1 \div 3 =$ "，也显示得数是 0.33333333？

没错！智能手机的计算器也不能显示分数，只能显示 $1 \div 3 = 0.33333333$ 。

但是，智能手机的计算器知道 $1 \div 3 = \frac{1}{3}$，

因此能正确计算 $1 \div 3 \times 3 = 1$。

这个我之前也不知道！

原来，智能手机的计算器可以做分数的计算，而简单计算器做不了分数的计算。

我们回到最初的问题。

如何用计算器计算 $\left(\dfrac{1}{4} + \dfrac{1}{6}\right) \times 36$ ？

首先，用智能手机的计算器计算：

计算思路

因为没有"括号"的按键，

我们先计算 $\dfrac{1}{4} + \dfrac{1}{6}$，再计算它们的和与 36 的积。

输入 $1 \div 4$，可以得到 $\dfrac{1}{4}$；输入 $1 \div 6$，可以得到 $\dfrac{1}{6}$。

操作方法

输入"$1 \div 4 + 1 \div 6 =$"，计算器上显示 0.41666667。

但是，智能手机的计算器知道准确的得数是 $\dfrac{5}{12}$。

虽然计算器上显示的是 0.41666667，但再输入"$\times 36 =$"，就能算出得数是 15。

我学会啦！

有些型号的手机的计算器还有隐藏功能，关闭屏幕锁定功能，将手机屏幕横置……

显示界面会变成这样：

好厉害！功能变多了！

没错！请注意屏幕左上角的符号……

有"括号"的功能！

是的！

所以，如果输入"$(1\div4+1\div6)\times36=$"……

计算器上显示 15！超简单！

最后，让我们来介绍一下简单计算器的操作方法。

用简单计算器不能直接计算 $\left(\dfrac{1}{4}+\dfrac{1}{6}\right)\times36$。

先用"乘法分配律"，把算式改写成 $\dfrac{1}{4}\times36+\dfrac{1}{6}\times36$，即 $\dfrac{36}{4}$ $+\dfrac{36}{6}$；然后输入"$36\div4=$"，得数是 9；再输入"$36\div6=$"，得数是 6；最后输入"$9+6=$"，和是 15。

好麻烦！

这样看来，还是智能手机的计算器厉害！

4 提取公因数

计算 $12 \times 68 + 12 \times 32$，你需要多少秒?

预备，开始!

用笔算，先做乘法，再做加法：

$$12 \times 68 + 12 \times 32$$
$$= 816 + 384$$
$$= 1200$$

算出来啦! 用了 20 秒。

这样太慢了!

如果用巧算的秘诀，只要 5 秒就能出结果哟!

而且不用笔算，只用心算就能完成。

什么?!

你想学这个秘诀吗?

当然想学!

那么请听好了。

这次的计算秘诀叫"提取公因数"。

"提取公因数"是指在乘法与加减法的混合运算中，如果加减法运算的各项中含有公因数，就可以先把这个公因数带着乘号提取出来，再把剩下的部分放到括号中进行加减运算。

"提取公因数"的运用

$12 \times 68 + 12 \times 32$ 是含有公因数的加法算式，可以写成

$$12 \times 68 + 12 \times 32$$
$$= 12 \times (\qquad)$$

你猜括号里填什么？

$68 + 32$ ？

没错！

把剩下的部分直接放到括号里就可以了！

$$12 \times 68 + 12 \times 32$$
$$= 12 \times (68 + 32)$$

之后，你就可以心算了吧？

嗯！

$$12 \times (68 + 32)$$
$$= 12 \times 100$$
$$= 1200$$

$68 + 32 = 100$，超级简单。

真棒！

接下来，我要考考你的眼力。

$$12 \times 68 + 12 \times 32$$
$$= 12 \times (68 + 32)$$

这个算式，是不是眼熟？

我们之前做过类似的计算……

嗯……啊！两个算式上下颠倒的话……

$$12 \times (68 + 32)$$
$$= 12 \times 68 + 12 \times 32$$

是"乘法分配律"！

没错！

提取公因数

$12 \times 68 + 12 \times 32$

$= 12 \times (68 + 32)$

乘法分配律

$12 \times (68 + 32)$

$= 12 \times 68 + 12 \times 32$

比较一下左右两边的算式，就能发现"提取公因数"其实是"乘法分配律"的逆运算。

原来如此。说到"乘法分配律"，小算已经用长方形面积的方法为我们简要讲解过了。

啊！也就是说，我们同样可以借助长方形面积来理解"提取公因数"吧？让我来试一试。

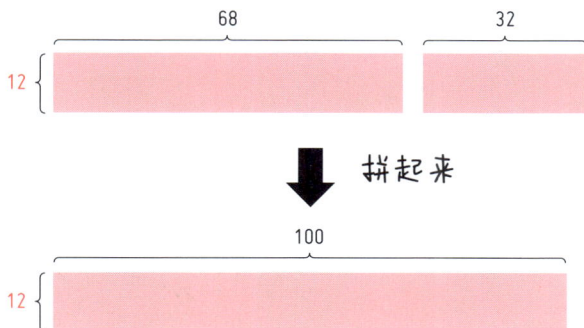

$12 \times 68 + 12 \times 32$

$= 12 \times (68 + 32)$

↓

$= 12 \times 100$

$= 1200$

拼起来

算出来啦!

真棒!

用数形结合的方法来解决乘法问题,不仅能使计算简便,还能加深对图形的理解。

是的。

(多亏小算教会了我这么多知识。哈哈!)

好!

接下来,尝试运用"提取公因数"来解决问题吧!

巧算

14

提取公因数
常见题型篇

\ 提取公因数 /

难易度★★☆☆☆　脑力值★★★☆☆　实用性★★★★☆

　　在乘法与加减法的混合运算中，如果加减法的各项中含有公因数，就可以先把这个公因数带着乘号提取出来，再把剩下的部分放到括号中进行加减运算。

例题 $12 \times 68 + 12 \times 32$

$$12 \times 68 + 12 \times 32$$

> 12是公因数

$$= 12 \times (68 + 32)$$
$$= 12 \times 100$$
$$= 1200$$

算一算。

① $314 \times 57 + 314 \times 43$

② $67 \times 19 + 81 \times 67$

③ $29 \times 61 + 61 \times 37 + 34 \times 61$

④ $125 \times 333 + 125 \times 555$

· 直接计算，
用时120秒；

· 用计算器计算，
用时60秒；

· 用巧算秘诀计算，
用时30秒。

答 案

① $314 \times 57 + 314 \times 43$

$= 314 \times (57 + 43)$

$= 314 \times 100$

$= 31400$

② $67 \times 19 + 81 \times 67$

$= 67 \times (19 + 81)$

$= 67 \times 100$

$= 6700$

③ $29 \times 61 + 61 \times 37 + 34 \times 61$

$= 61 \times (29 + 37 + 34)$

$= 61 \times 100$

$= 6100$

④ $\quad 125 \times 333 + 125 \times 555$

$= 125 \times (333 + 555)$

$= 125 \times 888$

        8×111 "巧算4"

$= 1000 \times 111$

$= 111000$

轻轻松松!

只需 30 秒就能算出结果!

感觉好极了!

棒极了!

一旦找到公因数,就可以用"提取公因数"的方法解题。

提取公因数
变形篇

\ 用拆分法凑出公因数 /

难易度★★★☆　脑力值★★★★★　实用性★★★☆

求两个乘式的和或差时，可以拆分一个乘数，构造出含有公因数的式子，然后用"提取公因数"的方法解题。

例题 $12 \times 68 + 13 \times 32$

$$12 \times 68 + \boxed{13} \times 32$$

要想把算式变成 $12 \times (\quad)$ 的形式，先把 13 变成 $12 + 1$

$$= 12 \times 68 + \boxed{(12 + 1)} \times 32$$
　　　　　　　　①　②

$$= 12 \times 68 + \underline{12 \times 32} + \underline{1 \times 32}$$
　　　　　　　　①　　　　②

$$= 12 \times (68 + 32) + 1 \times 32$$
$$= 12 \times 100 + 32$$
$$= 1200 + 32$$
$$= 1232$$

算一算。

① $314 \times 57 + 315 \times 43$

② $69 \times 19 + 81 \times 67$

③ $29 \times 60 + 61 \times 37 + 34 \times 62$

· 直接计算，
用时120秒；

· 用计算器计算，
用时60秒；

· 用巧算秘诀计算，
用时40秒。

① $314 \times 57 + 315 \times 43$

$= 314 \times 57 + (314 + 1) \times 43$

$= 314 \times 57 + 314 \times 43 + 1 \times 43$

$= 314 \times (57 + 43) + 1 \times 43$

$= 314 \times 100 + 43$

$= 31400 + 43$

$= 31443$

② $69 \times 19 + 81 \times 67$

$= (67 + 2) \times 19 + 81 \times 67$

$= 67 \times 19 + 2 \times 19 + 81 \times 67$

$= 67 \times (19 + 81) + 2 \times 19$

$= 67 \times 100 + 38$

$= 6700 + 38$

$= 6738$

要想把算式变成 $61 \times ($) 的形式，

先把60变成61-1，把62变成61+1

③ $29 \times 60 + 61 \times 37 + 34 \times 62$

$= 29 \times (61 - 1) + 61 \times 37 + 34 \times (61 + 1)$

$= 29 \times 61 - 29 \times 1 + 61 \times 37 + 34 \times 61 + 34 \times 1$

$= 61 \times (29 + 37 + 34) - 29 \times 1 + 34 \times 1$

$= 61 \times 100 - 29 + 34$

$= 6100 + 5$

$= 6105$

轻轻松松！

只需 40 秒就能算出结果！

"提取公因数"搭配拆分凑整，速算的感觉真棒！

棒极了！

这种"感觉真棒"的好心情非常重要。

那就继续用这种好心情一起来解决"提取公因数"的难题吧！

提取公因数 移动小数点篇

＼ 探究小数点位置的移动 ／

难易度 ★★★☆　脑力值 ★★★★★　实用性 ★★★★★

在乘法与加减法的混合运算中，如果某些乘数从左到右各位的数字分别相同，而小数点的位置不同，就可以通过移动小数点位置，得到公因数，再用"提取公因数"的方法解题。

同一个乘法算式中，一个乘数的小数点向右移动几位，另一个乘数的小数点向左移动相同的位数，积不变。

例题 $123.4 \times 0.19 + 1.234 \times 81$

$$123.4 \times 0.19 + 1.234 \times 81$$

把算式变成123.4×（　　）的形式

小数点向右移动两位（×100）　　小数点向左移动两位（÷100）

$$= 123.4 \times 0.19 + 123.4 \times 0.81$$

$$= 123.4 \times (0.19 + 0.81)$$

$$= 123.4 \times 1$$

$$= 123.4$$

小数点向相反方向移动相同的位数即可

算一算。

① $2.3 \times 0.79 + 0.23 \times 2.1$

② $5.71 \times 179 - 7.9 \times 57.1$

③ $3.14 \times 34 + 31.4 \times 5.2 + 0.314 \times 140$

· 直接计算，
用时120秒；
· 用计算器计算，
用时60秒；
· 用巧算秘诀计算，
用时40秒。

① $2.3 \times 0.79 + 0.23 \times 2.1$

把算式变成
$2.3 \times ($　　$)$ 的形式

右移一位(×10)↓　　　↓左移一位(÷10)

$= 2.3 \times 0.79 + 2.3 \times 0.21$

$= 2.3 \times (0.79 + 0.21)$

$= 2.3 \times 1$

$= 2.3$

② $5.71 \times 179 - 7.9 \times 57.1$

把算式变成
$5.71 \times ($　　$)$ 的形式

右移一位(×10)↓　　　↓左移一位(÷10)

$= 5.71 \times 179 - 79 \times 5.71$

$= 5.71 \times (179 - 79)$

$= 5.71 \times 100$

↓右移两位(×100)

$= 571$

③ $3.14 \times 34 + 31.4 \times 5.2 + 0.314 \times 140$

左移一位 右移一位 右移一位 左移一位
$(\div 10)$ $(\times 10)$ $(\times 10)$ $(\div 10)$

$= 3.14 \times 34 + 3.14 \times 52 + 3.14 \times 14$

$= 3.14 \times (34 + 52 + 14)$

$= 3.14 \times 100$

↓ 右移两位($\times 100$)

$= 314$

轻轻松松！

只需 40 秒就能算出结果！

我越来越厉害啦！

棒极了！

只要方法得当，小数点的移动不会影响计算结果。但是，可别像移动小数点那样随意改变你的学习计划哟！

解决与圆有关的问题也可以使用"提取公因数"的方法

求"半径 6 cm 的圆与半径 8 cm 的圆的面积之和",如何计算?

那太简单了!

圆面积 = 半径 × 半径 ×3.14

半径 6 cm 的圆的面积 = 6×6×3.14 = 113.04（cm²）

半径 8 cm 的圆的面积 = 8×8×3.14 = 200.96（cm²）

113.04 + 200.96 = 314（cm²），答案是 314 cm²。

回答正确!

但是，还有更简单的方法。

计算多个圆、扇形的周长或面积时,算式中肯定会出现"×3.14"。

也就是说，会出现公因数。

有公因数，就可以"提取公因数"!

半径 6 cm 的圆的面积 + 半径 8 cm 的圆的面积可以这样算：

$$6×6×3.14+8×8×3.14$$
$$=3.14×（6×6+8×8）$$
$$=3.14×（36+64）$$
$$=3.14×100$$

$$= 314 （cm^2）$$

答案是 $314 \ cm^2$。

厉害啦!

这样的话，就把算起来很麻烦的含 3.14 的算式变成可以心算的简单算式了!

真棒!

下一个问题。

求下图所示图形的周长。

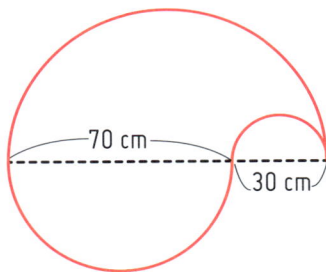

呃……

也就是求"直径 100 cm 的半圆弧长 + 直径 70 cm 的半圆弧长 + 直径 30 cm 的半圆弧长"。

因为圆的周长 = 直径 ×3.14，

所以半圆的弧长 = 直径 ×3.14÷2。

直径 100 cm 的半圆弧长 + 直径 70 cm 的半圆弧长 + 直径 30 cm 的半圆弧长

$$100 \times 3.14 \div 2 + 70 \times 3.14 \div 2 + 30 \times 3.14 \div 2$$

好啦！接下来，我们提取公因数 3.14。

$$\text{原式} = 3.14 \times (100 \div 2 + 70 \div 2 + 30 \div 2)$$
$$= 3.14 \times (50 + 35 + 15)$$
$$= 3.14 \times 100$$
$$= 314 \text{（cm）}$$

算出来啦！

这样一来又变成能心算的混合运算啦！

真棒！

最后一道题也可以用"提取公因数"的方法解决。

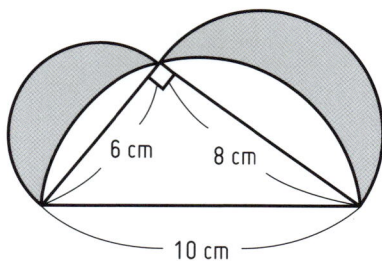

求上图中阴影部分的面积。

好嘞！

半径 3 cm 的半圆面积 + 半径 4 cm 的半圆面积 + 边长分别为

6 cm、8 cm 和 10 cm 的直角三角形面积 − 半径 5 cm 的半圆面积

$$3 \times 3 \times 3.14 \div 2 + 4 \times 4 \times 3.14 \div 2 + 6 \times 8 \div 2$$

$$- 5 \times 5 \times 3.14 \div 2$$

$$= 3.14 \times (3 \times 3 \div 2 + 4 \times 4 \div 2 - 5 \times 5 \div 2)$$

$$+ 6 \times 8 \div 2$$

$$= 3.14 \times \left(\frac{9}{2} + \frac{16}{2} - \frac{25}{2} \right) + 24$$

$$= 3.14 \times 0 + 24$$

$$= 24 \ (cm^2)$$

答案是 24 cm^2。

棒极了！

从计算结果中可以看出，阴影部分（2 个月形）的面积等于直角三角形的面积。这就是"月形定理"。

上题的解答过程就是"月形定理"的证明过程。

这个问题棒极啦！

5

数列求和

首先，我来讲讲"数列"。下面是一个数列：

1, 4, 9, 16, 25, 36

把一些数按照一定的顺序排成一列，这列数就是"数列"。

数列中的每一个数，称为这个数列的"项"。

其中第一项称为"首项"，最后一项称为"末项"。

哇!

因为加法算式的得数是"和"，

所以求数列中各项相加的得数就是"数列求和"。

例如上面的数列，我们可以求出它的和：

$$1 + 4 + 9 + 16 + 25 + 36$$
$$= (1 + 9) + (4 + 16) + 25 + 36$$
$$= 10 + 20 + 25 + 36$$
$$= 91$$

这个我会做，但这和计算秘诀有关吗?

别急。接下来，我们观察下面的数列，看它有什么特点。

1, 4, 7, 10, 13

从第二项起，每一项都比前一项多 3。

$$+3 \quad +3 \quad +3 \quad +3$$

1, 4, 7, 10, 13

真棒！换一种说法，就是相邻两项（做减法）相差 3。

$$4-1=3 \quad 7-4=3 \quad 10-7=3 \quad 13-10=3$$

1, 4, 7, 10, 13

像这样，每一项与它前一项的差等于同一个常数的数列叫作
"等差数列"。

这个差叫作"公差"。

我记住了。

因为加法算式的得数叫作"和"，所以求等差数列中各项的和
就是"等差数列求和"。

求和时，直接把各项相加固然是一种方法，但如果利用计算
秘诀会更快捷，不过在学习秘诀前，我们再认识另一种常见的
数列。

什么样的数列？

接下来，我们观察下面这个数列的特点。

2, 6, 18, 54, 162, 486

从第二项起每一项都是前一项的 3 倍。

×3　×3　×3　×3　×3

2，6，18，54，162，486

真棒！

换句话说，所有相邻项的比都是 1 ：3。像这样，相邻两项比值相等的数列，叫"等比数列"。这个比值叫"公比"。

2:6　6:18　18:54　54:162　162:486
=1:3　=1:3　=1:3　=1:3　=1:3

2，6，18，54，162，486

等比数列不一定是递增的，也可能是递减的。

486，162，54，18，6，2

这是递减的等比数列，从第二项起每一项等于前一项除以 3。

我记住了。

因为加法算式的得数是"和"，所以求等比数列中各项的和就是"等比数列求和"。

无论是等差数列还是等比数列，在求和时都可能遇到项数很多或某些项很复杂的情况，这时可能无论用笔算还是用计算器算都很耗时且容易出错。

那该怎么办？

实际上，计算"数列求和"题时会用到像魔法一样神奇的巧算秘诀。你想学吗？

想学！

接下来，我们讲解"数列求和"的巧算秘诀！

数列求和
等差数列篇

关注首项、末项和项数

难易度★★☆☆☆　　脑力值★★★☆☆　　实用性★★★★★

等差数列中各项的和 =（首项 + 末项）× $\dfrac{项数}{2}$

例题 1 + 4 + 7 + 10 + 13

这个等差数列的公差是3

△1 + 4 + 7 + 10 + 13 〈5项〉

↓ 首项　末项　〈$\dfrac{项数}{2}$〉

$= (1 + 13) × \langle \dfrac{5}{2} \rangle$

$= 14 × \dfrac{5}{2}$

$= 35$

算一算。

① $1 + 2 + 3 + 4 + 5 + 6 + 7 + 8 + 9 + 10$

② $1 + 2 + 3 + \cdots + 197 + 198 + 199$

③ $5 + 10 + 15 + \cdots + 90 + 95 + 100$

④ $4 + 7 + 10 + \cdots + 70 + 73 + 76$

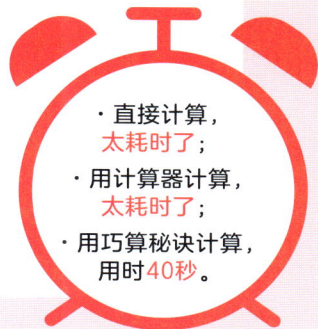

· 直接计算，
太耗时了；
· 用计算器计算，
太耗时了；
· 用巧算秘诀计算，
用时40秒。

答 案

① 1 + 2 + 3 + 4 + 5 + 6 + 7 + 8 + 9 + 10 〈10项〉

公差是1

$$= (1 + 10) \times \frac{10}{2}$$

（首项 末项 $\frac{项数}{2}$）

$$= 11 \times \frac{10}{2}^{5}_{1}$$

$$= 55$$

② 1 + 2 + 3 + ⋯ + 197 + 198 + 199 〈199项〉

公差是1

$$= (1 + 199) \times \frac{199}{2}$$

（首项 末项 $\frac{项数}{2}$）

$$= 200 \times \frac{199}{2}_{1}^{100}$$

$$= 19900$$

因为1~10有10项，所以1~199有199项

③ 1×5 2×5 3×5 ⋯ 18×5 19×5 20×5

公差是5

5 + 10 + 15 + ⋯ + 90 + 95 + 100 〈20项〉

$$= (5 + 100) \times \frac{20}{2}$$

（首项 末项 $\frac{项数}{2}$）

$$= 105 \times \frac{20}{2}_{1}^{10}$$

$$= 1050$$

公差是3

④ 1×3+1　2×3+1　3×3+1　⋯　23×3+1　24×3+1　25×3+1

$$\triangle + 7 + 10 + \cdots + 70 + 73 + \boxed{76} \quad 〈25项〉$$

$$= (\triangle + \boxed{76}) \times \frac{\langle 25 \rangle}{2}$$

首项　末项　$\dfrac{项数}{2}$

$$= 80 \times \frac{25}{2}$$

$$= 4 \times 10 \times 25 \quad \text{“巧算4”}$$

$$= 100 \times 10$$

$$= 1000$$

轻轻松松!

只需 40 秒就能算出结果!

真快!

棒极了!

用"等差数列求和"的巧算方法,让你的家人为你赞叹吧!

数列求和
等比数列篇

\ 关注首项、末项和公比 /

难易度 ★★★☆☆　脑力值 ★★★☆☆　实用性 ★★★★★

等比数列的和 $= \dfrac{\text{末项} \times \text{公比} - \text{首项}}{\text{公比} - 1}$ （公比 $\neq 1$）

公比 = 第二项 ÷ 第一项

例题 $2 + 6 + 18 + 54 + 162 + 486$

这个等比数列的公比是3

$2 + 6 + 18 + 54 + 162 + \boxed{486}$

$\downarrow$ $\dfrac{\boxed{\text{末项}} \times \boxed{公比} - \boxed{首项}}{\boxed{公比} - 1}$

公比

公比 = 第二项 ÷ 第一项
$= 6 \div 2 = 3$

$$= \frac{\boxed{486} \times 3 - 2}{3 - 1}$$

$$= \frac{1458 - 2}{2}$$

$$= \frac{1456}{2}$$

$$= 728$$

算一算。

① $2 + 10 + 50 + 250 + 1250 + 6250$

② $1024 + 512 + 256 + 128 + 64 + 32 +$
$16 + 8 + 4 + 2 + 1$

· 直接计算，
  用时60秒；
· 用计算器计算，
  用时30秒；
· 用巧算秘诀计算，
  用时25秒。

① $\triangle 2 + 10 + 50 + 250 + 1250 + \boxed{6250}$

$\downarrow$ 末项 × 公比 − 首项 ／ 公比−1

公比
公比=第二项÷第一项
=10÷2=5

$$= \frac{\boxed{6250} \times 5 - \triangle 2}{5 - 1}$$

$$= \frac{31250 - 2}{4}$$

$$= \frac{31248}{4}$$

$$= 7812$$

对于递减的等比数列，
求和时可以倒过来算

② $1024 + 512 + 256 + \cdots + 4 + 2 + 1$

$= \triangle 1 + 2 + 4 + \cdots + 256 + 512 + \boxed{1024}$

公比
公比=第二项÷第一项
=2÷1=2

$$= \frac{\boxed{1024} \times 2 - \triangle 1}{2 - 1}$$

$$= \frac{2048 - 1}{1}$$

$$= 2047$$

轻轻松松!

只需 25 秒就能算出结果!

这些问题没有吓到我,都被我顺利解决了!

太棒啦!

看到项数很多的等比数列求和,可不要只想着打退堂鼓,而要用计算秘诀巧妙地计算!

另外,练习题②

1024 + 512 + 256 + 128 + 64 + 32 + 16 + 8 + 4 + 2 + 1

也可以直接代入公式计算。

公比 = 第二项 ÷ 第一项 = 512 ÷ 1024 = 0.5

$$\frac{末项 × 公比 - 首项}{公比 - 1} = \frac{1 × 0.5 - 1024}{0.5 - 1}$$

利用"负数"(比 0 小的数)的知识,可以算出得数。

不过,比起代入公式直接求递减的等比数列的各项之和,把所有加数颠倒顺序变成递增的等比数列之后,求和要简单得多。

数列求和
分数裂项求和篇

\ 关注首项、末项、分子和分母中两数的差 /

难易度★★★☆　脑力值★★★★★　实用性★★☆☆☆

分数裂项求和：和 $= \dfrac{分子}{差} \times \Big(\dfrac{1}{首项分母中较小的乘数}$

$- \dfrac{1}{末项分母中较大的乘数} \Big)$

上式中的"差"是指"分母中两数的差"。

例题 $\dfrac{1}{1 \times 4} + \dfrac{1}{4 \times 7} + \dfrac{1}{7 \times 10} + \dfrac{1}{10 \times 13}$

$$\dfrac{\langle 1 \rangle}{\triangle{1} \times 4} + \dfrac{\langle 1 \rangle}{4 \times 7} + \dfrac{\langle 1 \rangle}{7 \times 10} + \dfrac{\langle 1 \rangle}{10 \times \boxed{13}}$$

$\downarrow \dfrac{\langle 分子 \rangle}{差} \times \Big(\dfrac{1}{\triangle} - \dfrac{1}{\Box} \Big)$

差

分母中两数的差
$= 4 - 1 = ③$

$$= \dfrac{\langle 1 \rangle}{3} \times \Big(\dfrac{1}{\triangle{1}} - \dfrac{1}{\boxed{13}} \Big)$$

$\triangle$ =首项分母中
较小的乘数

$\Box$ =末项分母中
较大的乘数

$$= \dfrac{1}{3} \times \Big(\dfrac{13}{13} - \dfrac{1}{13} \Big)$$

$$= \dfrac{1}{3} \times \dfrac{12^{\,4}}{13}$$

$$= \dfrac{4}{13}$$

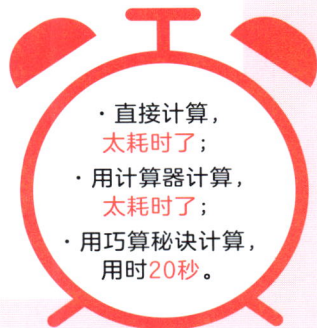

练习题

算一算。

① $\dfrac{1}{1 \times 2} + \dfrac{1}{2 \times 3} + \dfrac{1}{3 \times 4} + \dfrac{1}{4 \times 5}$

② $\dfrac{2}{1 \times 6} + \dfrac{2}{6 \times 11} + \dfrac{2}{11 \times 16} + \cdots + \dfrac{2}{91 \times 96} + \dfrac{2}{96 \times 101} + \dfrac{2}{101 \times 106}$

· 直接计算，太耗时了；
· 用计算器计算，太耗时了；
· 用巧算秘诀计算，用时20秒。

① $$\dfrac{\langle 1\rangle}{\triangle\!\!\!\!\!\diagup 1\times 2}+\dfrac{\langle 1\rangle}{2\times 3}+\dfrac{\langle 1\rangle}{3\times 4}+\dfrac{\langle 1\rangle}{4\times \boxed{5}}$$

$$\downarrow\ \dfrac{\text{分子}}{\text{差}}\times\left(\dfrac{1}{\triangle}-\dfrac{1}{\square}\right)$$

差
分母中两数的差
$=2-1=\boxed{1}$

$$=\dfrac{\langle 1\rangle}{1}\times\left(\dfrac{1}{\triangle\ 1}-\dfrac{1}{\boxed{5}}\right)$$

$$=1\times\left(\dfrac{5}{5}-\dfrac{1}{5}\right)$$

$$=\dfrac{4}{5}$$

△=首项分母中较小的乘数

□=末项分母中较大的乘数

② $$\dfrac{\langle 2\rangle}{\triangle\ 1\times 6}+\dfrac{\langle 2\rangle}{6\times 11}+\dfrac{\langle 2\rangle}{11\times 16}+\cdots+$$

$$\dfrac{\langle 2\rangle}{91\times 96}+\dfrac{\langle 2\rangle}{96\times 101}+\dfrac{\langle 2\rangle}{101\times \boxed{106}}$$

$$\downarrow\ \dfrac{\text{分子}}{\text{差}}\times\left(\dfrac{1}{\triangle}-\dfrac{1}{\square}\right)$$

差
分母中两数的差
$=6-1=\boxed{5}$

$$=\dfrac{\langle 2\rangle}{5}\times\left(\dfrac{1}{\triangle\ 1}-\dfrac{1}{\boxed{106}}\right)$$

$$=\dfrac{2}{5}^{1}\times\dfrac{105}{106}^{\,21}_{\,53}$$

$$=\dfrac{21}{53}$$

△=首项分母中较小的乘数

□=末项分母中较大的乘数

轻轻松松！

只需 20 秒就能算出结果！

快得很！

没错！

不知不觉中你已经学会了"分数裂项求和"，可喜可贺，可喜可贺！

另外，可以用以下变式来展示分数裂项求和表达式

"和 $= \dfrac{\langle 分子 \rangle}{差} \times \left(\dfrac{1}{\triangle} - \dfrac{1}{\square} \right)$" 的推导过程。

（ $\triangle$ = 首项分母中较小的乘数，$\square$ = 末项分母中较大的乘数）

$$\dfrac{\langle 5 \rangle}{4 \times 7} + \dfrac{\langle 5 \rangle}{7 \times 10} + \dfrac{\langle 5 \rangle}{10 \times \boxed{13}}$$

差
分母中两数的
差 $= 7 - 4 = \boxed{3}$

$$= \dfrac{5}{3} \times \dfrac{3}{4 \times 7} + \dfrac{5}{3} \times \dfrac{3}{7 \times 10} + \dfrac{5}{3} \times \dfrac{3}{10 \times 13}$$

$$= \dfrac{5}{3} \times \left(\dfrac{3}{4 \times 7} + \dfrac{3}{7 \times 10} + \dfrac{3}{10 \times 13} \right)$$

$$= \dfrac{5}{3} \times \left(\dfrac{1}{4} - \dfrac{1}{7} + \dfrac{1}{7} - \dfrac{1}{10} + \dfrac{1}{10} - \dfrac{1}{13} \right)$$

$$= \dfrac{5}{3} \times \left(\dfrac{1}{4} - \dfrac{1}{13} \right)$$

抵消变成 0，太好了！

数列求和
两个连续自然数乘积的裂项求和篇

需要特别关注最后一组乘积

难易度★★★☆　脑力值★★★☆　实用性★★☆☆☆

从 1 开始的两个连续自然数乘积的裂项求和公式：和 =

$$\dfrac{最后一组乘积 \times 下一个数}{3}$$

例题 $1 \times 2 + 2 \times 3 + 3 \times 4 + 4 \times 5$

⚠ 是首项的第一个乘数

$$\underset{\triangle}{1} \times 2 + 2 \times 3 + 3 \times 4 + \boxed{4 \times 5}$$

$$\dfrac{最后一组乘积 \times \langle 下一个数 \rangle}{3}$$

下一个数

$$= \dfrac{\boxed{4 \times ⑤} \times \langle 6 \rangle}{3}$$

$$= \dfrac{4 \times 5 \times 6^{2}}{3_{1}}$$

$$= 40$$

算一算。

① $1 \times 2 + 2 \times 3 + 3 \times 4 + \cdots + 100 \times 101$

② $3 \times 6 + 6 \times 9 + 9 \times 12 + \cdots + 27 \times 30$

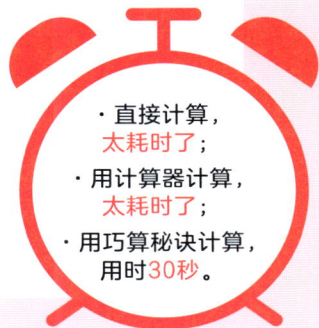

·直接计算，太耗时了；

·用计算器计算，太耗时了；

·用巧算秘诀计算，用时30秒。

首项的第一个乘数是 △

① $1 \times 2 + 2 \times 3 + 3 \times 4 + \cdots + 100 \times 101$

最后一组乘积 × 〈下一个数〉

$$= \frac{100 \times 101 \times \langle 102^{3} \rangle}{3}$$

$$= \frac{100 \times 101 \times 102^{34}}{3_{1}}$$

$$= 100 \times 101 \times 34$$

$$= 343400$$

$$\begin{array}{r} 101 \\ \times\ 34 \\ \hline 3434 \end{array}$$

变成首项的第一个乘数是 △ 的式子

② $3 \times 6 + 6 \times 9 + 9 \times 12 + \cdots + 27 \times 30$

1×2的9倍，2×3的9倍，3×4的9倍…9×10的9倍

$$= (1 \times 2 + 2 \times 3 + 3 \times 4 + \cdots + 9 \times 10) \times 9$$

最后一组乘积 × 〈下一个数〉

$$= \frac{9 \times 10 \times \langle 11 \rangle}{3_{1}} \times 9^{3}$$

$$= 9 \times 10 \times 11 \times 3$$

$$= 2970$$

轻轻松松！

只需 30 秒就能算出结果！

我的进步很快吧！

棒极啦！

你已经成为"数列求和"的专家了！

太好啦！

另外，可以用以下变式来展示

"和 = $\dfrac{\boxed{最后一组乘积} \times \langle 下一个数 \rangle}{3}$"这个公式的推导过程。

$$1 \times 2 + 2 \times 3 + \boxed{3 \times 4}$$

$$= 4 \times 3 + 3 \times 2 + 2 \times 1$$

$$= 4 \times 3 \times \frac{5-2}{3} + 3 \times 2 \times \frac{4-1}{3} + 2 \times 1 \times \frac{3-0}{3}$$

$$= \frac{4 \times 3 \times (5-2) + 3 \times 2 \times (4-1) + 2 \times 1 \times (3-0)}{3}$$

$$= \frac{5 \times 4 \times 3 - 4 \times 3 \times 2 + 4 \times 3 \times 2 - 3 \times 2 \times 1 + 3 \times 2 \times 1 - 2 \times 1 \times 0}{3}$$

抵消变成0，太好了！

$$= \frac{5 \times 4 \times 3}{3}$$

$$= \frac{\boxed{3 \times 4} \times \langle 5 \rangle}{3}$$

借助面积理解"等差数列求和"

借助面积来思考"等差数列求和",会很简单!

怎么思考?

例如,我们可以把"1+2+3+4+5+6+7+8+9+10"看成楼梯状图形的面积(如下图)。

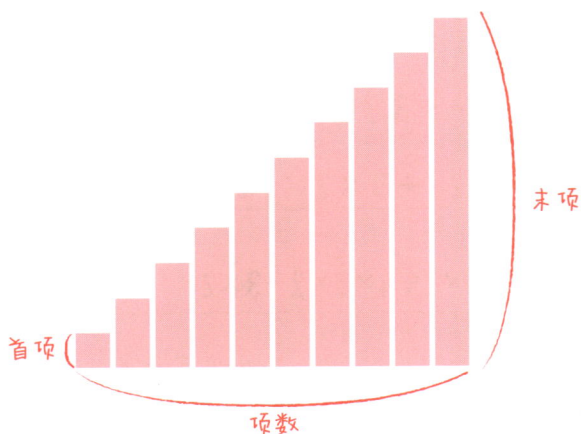

然后,把这个图形和它上下翻转后的图形拼在一起……

成了一个长方形!

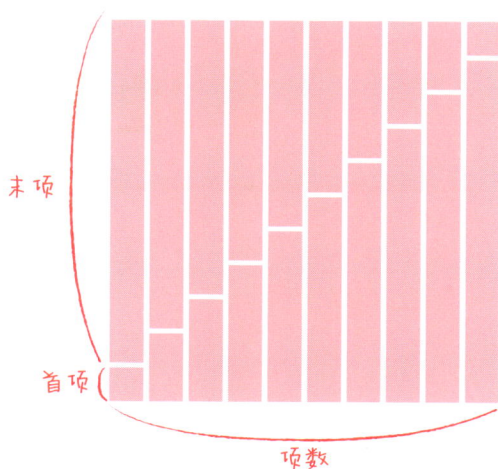

长方形的长是"首项 + 末项"，宽是"项数"，长方形的面积是"（首项 + 末项）× 项数"。因为楼梯状图形的面积是长方形面积的一半……

所以楼梯状图形的面积 =（首项 + 末项）× $\dfrac{\text{项数}}{2}$ ！

真聪明！

6

基准数

计算下面这道题，你需要多少秒？

预备，开始！

【问题】求以下 5 个人的平均身高。

松本 173 cm   大野 166 cm

二宫 168 cm   樱井 171 cm

相叶 176 cm

先把 5 个人的身高相加，再除以 5 就可以了。

$$(173 + 168 + 176 + 166 + 171) \div 5$$
$$= 854 \div 5$$
$$= 170.8 \ (cm)$$

答案是 170.8 cm。

算出来啦！用时 40 秒。

这样还是太慢了！

如果用巧算的秘诀，只需 15 秒就能出结果！

什么?!

你想学这个秘诀吗？

当然想学！

那么请听好了。

本节课的计算秘诀是用"基准数"求总数和平均数。

"基准数"的使用方法

首先，我们来讲讲"基准数"的概念。

你觉得 173、168、176、166、171 的平均数大约是多少？

嗯，大约是 170 吧。

真棒！

这个"你估算的平均数的近似值"就是"基准数"。

咦？这样做是不是有些草率？能行吗？

能行！毕竟是近似值，即使草率点儿也无所谓。

用"基准数"可以快速求出总数和平均数。

例如，假设我们用常见的方法求 5 个人的总身高，

$$173 + 168 + 176 + 166 + 171$$

就要用到笔算了。

但如果运用"基准数"，比如你所选的 170，就可以这样算：

$$173 + 168 + 176 + 166 + 171$$

$$= (170 + 3) + (170 - 2) + (170 + 6) + (170 - 4) + (170 + 1)$$

$$= 170 \times 5 + (3 - 2 + 6 - 4 + 1)$$

用"基准数 × 个数 + 偏差值总和"的方法可快速求总数，你明白了吗？

原来如此。这样就可以心算解题了。

$$850 + 4 = 854 \text{（cm）}$$

真棒！

记住公式"总数 = 基准数 × 个数 + 偏差值总和"。

接下来，我们用"基准数"计算平均身高。

先列出计算 5 个人总身高的式子：

$$170 \times 5 + (3 - 2 + 6 - 4 + 1)$$

再算平均身高，平均身高 = 总身高 ÷ 个数：

$$170 + (3 - 2 + 6 - 4 + 1) \div 5$$

也就是说，"平均数 = 基准数 + 偏差值总和 ÷ 个数"。

原来如此。接下来的计算就简单了。

$$170 + (3 - 2 + 6 - 4 + 1) \div 5$$

$$= 170 + 4 \div 5$$

$$= 170 + 0.8$$

$$= 170.8 \text{（cm）}$$

平均身高是 170.8 cm。

真棒!

只要合理使用"基准数",就能轻松解决求平均数的问题。

加利的疑问

什么数都可以做"基准数"吗?

问得好!

你觉得呢?

嗯,我觉得什么数都可以,但是……

没错!

从结论来说,确实什么数都可以,但一定要注意!

注意什么?

我们先来思考这个问题。

求身高分别为 173 cm、168 cm、176 cm、166 cm、171 cm 的 5 个人的平均身高。

答案是 170.8 cm。

这道题中,我们假设 100 是"基准数"。

根据"平均数 = 基准数 + 偏差值总和 ÷ 个数",可以这样算:

$$100 + (73 + 68 + 76 + 66 + 71) \div 5$$

$$= 100 + 354 \div 5$$

$$= 100 + 70.8$$

$$= 170.8 \ (cm)$$

得数相同!

但是算起来很费劲!

是的!

"基准数"选什么数都可以,但如果选取得不合理,就可能导致计算难度没有实质性降低。

速算的关键是要合理选取"基准数"。

已知 5 个人的身高如下:

173 cm、168 cm、176 cm、166 cm、171 cm

求这 5 个人的平均身高。推荐使用以下 3 种方法选取"基准数"!

①选取其中最小的数为"基准数":

那么这里的"基准数"就是 166。

$$166 + (7 + 2 + 10 + 0 + 5) \div 5$$

$$= 166 + 24 \div 5$$

$$= 166 + 4.8$$

$$= 170.8 \ (cm)$$

②选取大小排在中间的数为"基准数":

那么这里的"基准数"就是 171。

$$171 + (2-3+5-5+0) \div 5$$
$$= 171 + (-1) \div 5$$
$$= 171 - 0.2$$
$$= 170.8 \ (cm)$$

求偏差值总和时，若某数与基准数之差为负数，该差在总和的算式中为减数。

③选取接近中间且计算方便的数为"基准数"：

与 171 相比，170 更方便计算，那么这里的"基准数"就是 170。

$$170 + (3-2+6-4+1) \div 5$$
$$= 170 + 4 \div 5$$
$$= 170 + 0.8$$
$$= 170.8 \ (cm)$$

得数都一样!

算起来也很轻松!

"基准数"真好用!

接下来，我们运用"基准数"来解决求总数和平均数的问题吧!

基准数
总数篇

\ 关注 "偏差值" /

难易度 ★★☆☆　脑力值 ★★☆☆　实用性 ★★★★☆

总数 ＝ 基准数 × 个数 ＋ 偏差值总和

例题　求以下 5 个人的身高之和。

松本 173 cm　　　大野 166 cm

二宫 168 cm　　　樱井 171 cm

相叶 176 cm

假设"基准数"为170。

总数 ＝ 基准数 × 个数 ＋ 偏差值总和
　　 ＝ 170 × 5 ＋（3 － 2 ＋ 6 － 4 ＋ 1）
　　 ＝ 850 ＋ 4
　　 ＝ 854（cm）

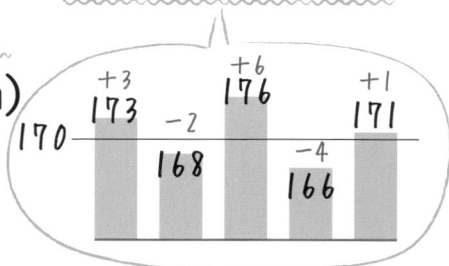

答：5个人的身高之和是854 cm。

算一算。

① 求下面5个人的身高之和。

路飞　　174 cm

索隆　　181 cm

娜美　　170 cm

乌索普　176 cm

山治　　180 cm

② 炭治郎、祢豆子、善逸和伊之助4个人参加了数学考试，他们的成绩分别如下。求4个人的分数之和。

炭治郎　78分

祢豆子　88分

善逸　　85分

伊之助　77分

· 直接计算，
　用时40秒；
· 用计算器计算，
　用时30秒；
· 用巧算秘诀计算，
　用时20秒。

① 假设"基准数"为170。

路飞 174 cm	乌索普 176 cm
索隆 181 cm	山治 180 cm
娜美 170 cm	

总数 ＝ 基准数 × 个数 ＋ 偏差值总和
＝ 170 × 5 ＋ (4 ＋ 11 ＋ 0 ＋ 6 ＋ 10)
＝ 850 ＋ 31
＝ 881 (cm)

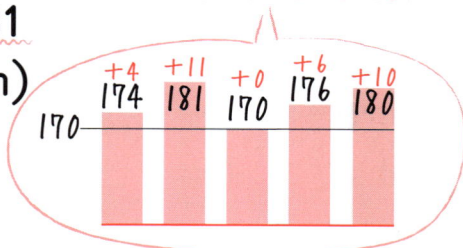

答：5个人的身高之和是**881 cm**。

② 假设"基准数"为80。

炭治郎	78分
祢豆子	88分
善逸	85分
伊之助	77分

总数 ＝ 基准数 × 个数 ＋ 偏差值总和
＝ 80 × 4 ＋ (－2 ＋ 8 ＋ 5 － 3)
＝ 320 ＋ 8
＝ 328 (分)

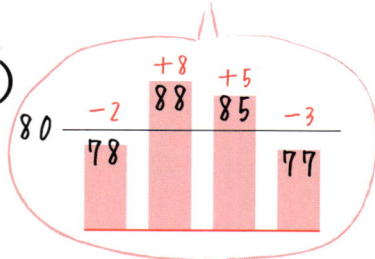

答：4个人的分数之和是**328分**。

轻轻松松!

只需 20 秒就能算出结果!

感觉真不错!

你最棒啦!

用"基准数"解题,这些题都是"小菜一碟"!

加利,听好!

运用"基准数"解题的关键是如何恰当选取"基准数"。

因为"基准数"的选取是否恰当决定了之后计算的难易度。

而且,"基准数"的威力还不止于此,求平均数时,它也能发挥大作用。

保持这个节奏,挑战一下求平均数的题目吧。

基准数
平均数篇

\ 运用心算求平均数 /

难易度 ★★★☆　脑力值 ★★★☆　实用性 ★★★★★

平均数 = 基准数 + 偏差值总和 ÷ 个数

例题　求以下 5 个人的平均身高。

松本 173 cm　　　大野 166 cm

二宫 168 cm　　　樱井 171 cm

相叶 176 cm

假设"基准数"为170。

平均数 = 基准数 + 偏差值总和 ÷ 个数

$$= 170 + (3 - 2 + 6 - 4 + 1) \div 5$$
$$= 170 + 4 \div 5$$
$$= 170 + 0.8$$
$$= 170.8 \, (cm)$$

答：5个人的平均身高是170.8 cm。

练习题

算一算。

① 求下面5个人的平均身高。

路飞	174 cm
索隆	181 cm
娜美	170 cm
乌索普	176 cm
山治	180 cm

② 炭治郎、祢豆子、善逸和伊之助4个人参加了数学考试，他们的分数分别如下。求4个人的平均分。

炭治郎	78分
祢豆子	88分
善逸	85分
伊之助	77分

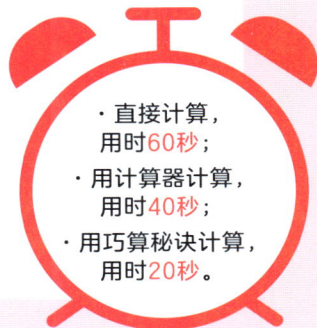

· 直接计算，
  用时60秒；
· 用计算器计算，
  用时40秒；
· 用巧算秘诀计算，
  用时20秒。

① 假设"基准数"为170。

> 路飞　174 cm　乌索普　176 cm
> 索隆　181 cm　山治　180 cm
> 娜美　170 cm

平均数 = 基准数 + 偏差值总和 ÷ 个数

$$= 170 + (4 + 11 + 0 + 6 + 10) \div 5$$

$$= 170 + 31 \div 5$$

$$= 170 + 6.2$$

$$= 176.2 \,(cm)$$

答：5个人的平均身高是 **176.2 cm**。

② 假设"基准数"为80。

> 炭治郎　78分
> 祢豆子　88分
> 善逸　85分
> 伊之助　77分

平均数 = 基准数 + 偏差值总和 ÷ 个数

$$= 80 + (-2 + 8 + 5 - 3) \div 4$$

$$= 80 + 8 \div 4$$

$$= 80 + 2$$

$$= 82 \,(分)$$

答：4个人的平均分是 **82分**。

轻轻松松!

只需 20 秒就能算出结果!

又掌握了新本领!

棒极了!

如果能熟练运用"基准数",就能成为平均数问题的解题小能手!

保持这个节奏,挑战更多的平均数问题吧。

我要成为求平均数的"王者"!

基准数
多组平均数篇

\ 找准"基准数"是解题关键 /

难易度★★★★★　　脑力值★★★★★　　实用性★★★★★

运用公式"平均数 = 基准数 + 偏差值总和 ÷ 人数"可以解决多组平均数问题。

例题 40 名学生参加数学考试。前 12 名的平均分是 89 分，剩余 28 名的平均分是 64 分。求这 40 名学生的平均分。

一般的解题方法

算起来很费力

总分 ÷ 人数

$$(89 \times 12 + 64 \times 28) \div 40$$

12名学生的总分　28名学生的总分　全部学生

基准数解题法 假设"基准数"为64

平均数 = 基准数 + 偏差值总和 ÷ 个数

$$= 64 + (89 - 64) \times 12 \div 40$$

$$= 64 + 25 \times 12 \div 40$$

$$= 64 + 7.5$$

$$= 71.5（分）$$

$$25 \times 12 \div 40$$
$$= \frac{25 \times 12^{3}}{40_{10}}$$
$$= \frac{75}{10}$$
$$= 7.5$$

用面积图解题①

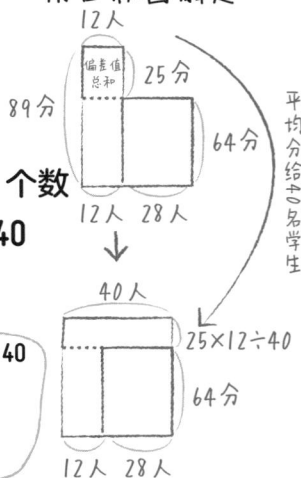

12人
偏差值总和　25分
89分
64分
12人　28人
↓
40人
$25 \times 12 \div 40$
64分
12人　28人
平均分给40名学生

答：40 名学生的平均分是 71.5 分。

①本页及之后出现的面积图只用于表示计算原理，各线段的长度之比不一定等于实际表示的数量之比。

算一算。

① 30名学生参加数学考试。前9名的平均分是87分，剩余21名的平均分是67分。求这30名学生的平均分。

② 39名学生参加数学考试。后13名的平均分是57分，剩余26名的平均分是81分。求这39名学生的平均分。

· 直接计算，用时80秒；
· 用计算器计算，用时60秒；
· 用巧算秘诀计算，用时30秒。

① 假设"基准数"为67

前9名的平均分是87分，剩余21名的平均分是67分。

平均数 = 基准数 + 偏差值总和 ÷ 个数
$$= 67 + (87 - 67) \times 9 \div 30$$
$$= 67 + \underline{20 \times 9 \div 30}$$
$$= 67 + 6$$
$$= 73 (分)$$

$20 \times 9 \div 30$
$$= \frac{\overset{2}{\cancel{20}} \times 9}{\underset{1}{\cancel{30}}}^{3}$$
$$= 6$$

用面积图解题

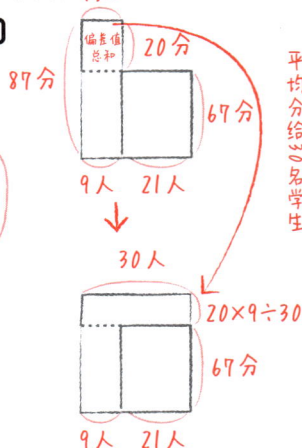

答：这30名学生的平均分是**73分**。

② 假设"基准数"为57

后13名的平均分是57分，剩余26名的平均分是81分

平均数 = 基准数 + 偏差值总和 ÷ 个数
$$= 57 + (81 - 57) \times 26 \div 39$$
$$= 57 + \underline{24 \times 26 \div 39}$$
$$= 57 + 16$$
$$= 73 (分)$$

$24 \times 26 \div 39$
$$= \frac{\overset{}{24} \times \overset{2}{\cancel{26}}}{\underset{\cancel{3}}{\cancel{39}}}$$
$$= 16$$

用面积图解题

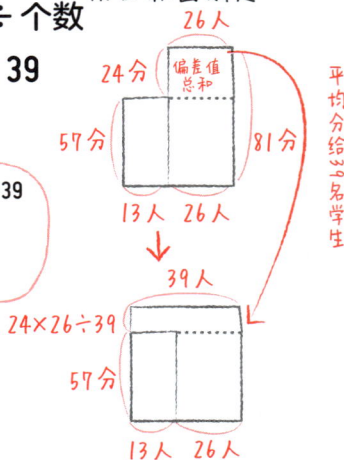

答：这39名学生的平均分是**73分**。

轻轻松松!

只需 30 秒就能算出结果!

又掌握了新本领!

棒极啦!

另外,"基准数"也经常用于解决以下问题。

【问题】

30 名学生参加数学考试,所有人的平均分是 73 分。已知前 9 名学生的平均分是 87 分,求剩余 21 名学生的平均分。

根据公式"平均数 = 基准数 + 偏差值总和 ÷ 个数",可整理出以下要点:

① 假设"基准数"和"所有人的平均分"相等,"偏差值总和"就是"前 9 名学生的偏差值总和"。

② 求"剩余 21 名学生的平均分",个数是"21"。

③ "剩余 21 名学生的平均分"低于"所有人的平均分"。也就是说,应该用减法计算而非加法。

根据以上要点,可以将公式改写如下:

剩余 21 名学生的平均分 = 总平均分 - 前 9 名学生的偏差值总和 ÷21 名学生

$$73 - (87 - 73) \times 9 \div 21$$
$$= 73 - 14 \times 9 \div 21$$
$$= 73 - 6$$
$$= 67 (分)$$

答:剩余 21 名学生的平均分是 67 分。

用柱状图讲解"基准数"

我可以用柱状图给大家讲解"平均数 = 基准数 + 偏差值总和 ÷ 个数"和"总数 = 基准数 × 个数 + 偏差值总和"两个公式哟！

说来听听！

听好问题哟！

求出以下 5 个人的身高总和与平均身高。

松本 173 cm   二宫 168 cm   相叶 176 cm

大野 166 cm   樱井 171 cm

先求身高总和。

假设"基准数"为166。

总数 = 基准数 × 个数 + 偏差值总和

$$= 166 \times 5 + (7 + 2 + 10 + 0 + 5)$$

$$= 830 + 24$$

$$= 854 \ (\text{cm})$$

答：5个人的身高总和是854 cm。

用柱状图表示是这样的：

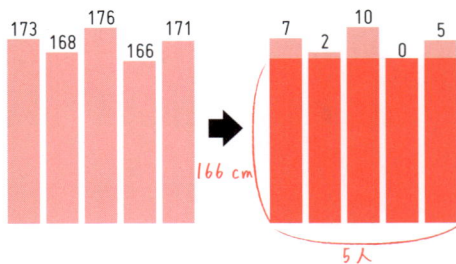

原来如此——

总数比"基准数"多出来的部分的总和就是"偏差值总和"！

确实是"总数 = 基准数 × 个数 + 偏差值总和"！

真棒！接下来求平均身高。

假设"基准数"为166。

平均数 = 基准数 + 偏差值总和 ÷ 个数

$$= 166 + (7 + 2 + 10 + 0 + 5) ÷ 5$$

$$= 166 + 24 ÷ 5$$

$$= 166 + 4.8$$

$$= 170.8 \text{（cm）}$$

答：5个人的平均身高是170.8 cm。

用柱状图表示如下：

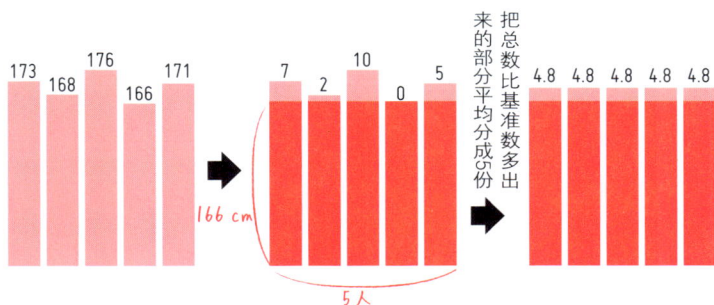

原来如此！

总数比"基准数"多出来的部分的总和是"偏差值总和"，把它平均分成5份后加上"基准数"就是平均数啦！

确实是"平均数 = 基准数 + 偏差值总和 ÷ 个数"！

真棒！

7

两位数 × 两位数

你怎么计算 79×68？

列竖式计算，这样：

$$
\begin{array}{r}
79 \\
\times\ 68 \\
\hline
632 \\
474 \\
\hline
5372
\end{array}
$$

嗯，当然可以这样算。

但如果用下面的方法算……

头乘头 7×6	$\begin{array}{r}79\\ \times 68\\ \hline \boxed{42}\,\boxed{72}\\ \boxed{56}\\ \boxed{54}\\ \hline 5372\end{array}$	尾乘尾 9×8
头尾相乘 7×8		头尾相乘 9×6

得数一样!

这道题还可以用面积图表示：

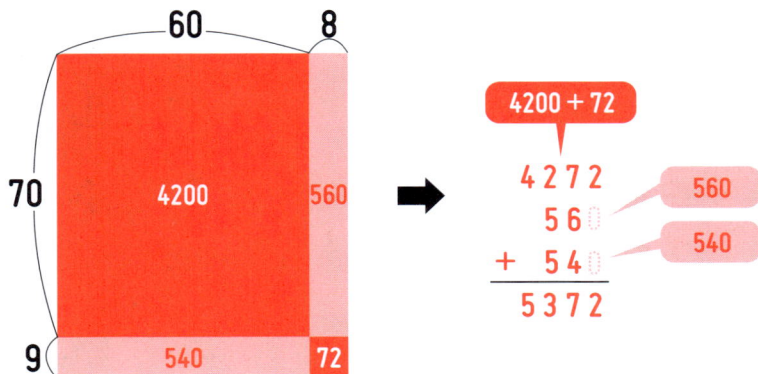

简单易懂!

计算"两位数 × 两位数",先列竖式,再按照"头乘头,放前面;尾乘尾,放后面;头尾相乘放中间"的口诀计算,能有效减少计算错误。

哇!这招好用!

另外,还有很多特殊情况下能发挥作用的"两位数 × 两位数"的超级速算秘诀。

超级速算秘诀?我想学!

好嘞。接下来,我们讲一讲"两位数 × 两位数"的巧算方法。

两位数 × 两位数
重复数的乘法篇

\ 用于计算重复数的乘法 /

难易度 ★ ★ ☆ ☆　　脑力值 ★ ★ ☆ ☆　　实用性 ★ ★ ★ ☆

　　如例题所示，计算两个相同的数相乘或两个十位与个位分别相同的数相乘时，可用"头乘头，放前面；尾乘尾，放后面；头尾相乘 ×2 放中间"的口诀速算。

例题

$$
\begin{array}{r}
47 \\
\times 47 \\
\end{array}
\qquad
\begin{array}{r}
44 \\
\times 77 \\
\end{array}
$$

$$
\begin{array}{r}
47 \\
\times 47 \\
\hline
\end{array}
$$

头乘头 4×4　| 1 6 | 4 9 |　尾乘尾 7×7

| 5 6 |　头尾相乘×2 4×7×2

2 2 0 9

$$
\begin{array}{r}
44 \\
\times 77 \\
\hline
\end{array}
$$

头乘头 4×7　| 2 8 | 2 8 |　尾乘尾 4×7

| 5 6 |　头尾相乘×2 4×7×2

3 3 8 8

算一算。

①
$$
\begin{array}{r}
86 \\
\times 86 \\
\hline
\end{array}
$$

②
$$
\begin{array}{r}
33 \\
\times 44 \\
\hline
\end{array}
$$

③
$$
\begin{array}{r}
73 \\
\times 73 \\
\hline
\end{array}
$$

④
$$
\begin{array}{r}
88 \\
\times 88 \\
\hline
\end{array}
$$

· 直接计算，用时40秒；

· 用计算器计算，用时30秒；

· 用巧算秘诀计算，用时25秒。

①
$$86 \times 86$$

头乘头 8×8 | **64** **36** | 尾乘尾 6×6

96 | 头尾相乘×2 8×6×2

7 3 9 6

用面积图表示

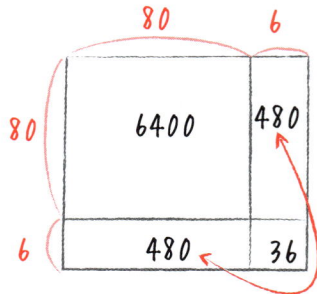

面积相等，480×2＝960

②
$$33 \times 44$$

头乘头 3×4 | **12** **12** | 尾乘尾 3×4

24 | 头尾相乘×2 3×4×2

1 4 5 2

用面积图表示

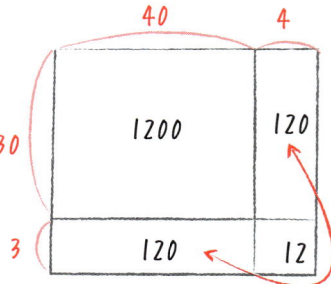

面积相等，120×2＝240

③
$$73 \times 73$$

头乘头 7×7 | **49** **09** | 尾乘尾 3×3

42 | 头尾相乘×2 7×3×2

5 3 2 9

用面积图表示

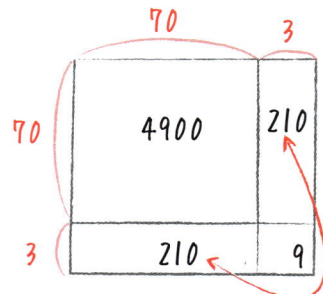

面积相等，210×2＝420

④

$$\begin{array}{r} 88 \\ \times\ 88 \\ \hline \end{array}$$

头乘头 **6 4 6 4** 尾乘尾
8×8   8×8

1 2 8 头尾相乘×2
8×8×2

7 7 4 4

用面积图表示

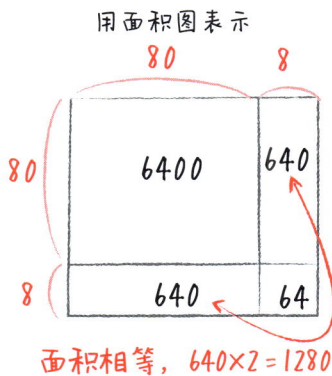

面积相等，640×2=1280

轻轻松松！
只需 25 秒就能算出结果！
感觉好极了！

棒极了！
掌握了这个技巧，你就能成为班里的名人，吸引一众"粉丝"。

太好啦！

两位数 × 两位数
十位都是1的两位数乘法篇

\\ 用于计算十位都是1的两位数乘法 /

难易度★★★☆　脑力值★★★☆　实用性★★★☆

用"前数 + 后数尾放前面，尾 × 尾放后面"的口诀计算十位都是 1 的两位数乘法。

例题

$$18 \times 19$$

~~~~~~

先算"前数 + 后数尾"，后算"尾 × 尾"。

$$
\begin{array}{r}
18 \\
\times 19 \\
\hline
\end{array}
$$

前数＋后数尾　**27**
18＋9

72　尾×尾
8×9

342

用面积图表示

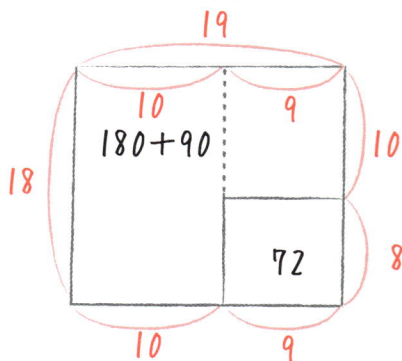

19

10　　9

18　180＋90　　10

72　　8

10　　9

算一算。

①
$$\begin{array}{r} 16 \\ \times 18 \\ \hline \end{array}$$

②
$$\begin{array}{r} 14 \\ \times 19 \\ \hline \end{array}$$

③
$$\begin{array}{r} 12 \\ \times 13 \\ \hline \end{array}$$

④
$$\begin{array}{r} 17 \\ \times 17 \\ \hline \end{array}$$

· 直接计算，
用时30秒；
· 用计算器计算，
用时20秒；
· 用巧算秘诀计算，
用时15秒。

①

$$16 \times 18$$

前数+后数尾
16+8 → 24

尾×尾
6×8 → 48

288

用面积图表示

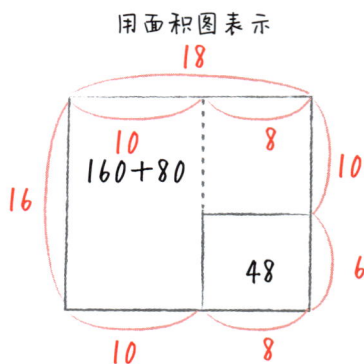

②

$$14 \times 19$$

前数+后数尾
14+9 → 23

尾×尾
4×9 → 36

266

用面积图表示

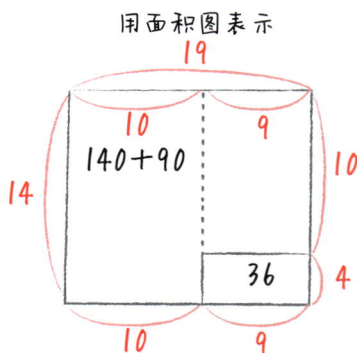

③

$$12 \times 13$$

前数+后数尾
12+3 → 15

尾×尾
2×3 → 06

156

用面积图表示

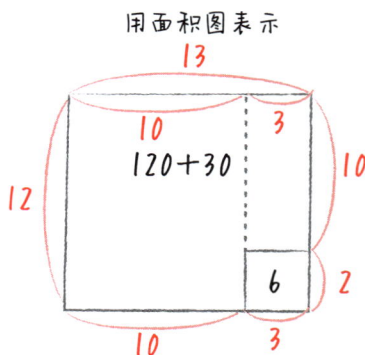

④

$$
\begin{array}{r}
17 \\
\times\ 17 \\
\hline
\end{array}
$$

前数+后数尾
17+7 　　24　　

　　　　49　　尾×尾
　　　　　　　7×7

289

也可以用"巧算24"计算

$$
\begin{array}{r}
17 \\
\times\ 17 \\
\hline
\end{array}
$$

头×头
1×1 　　149　　尾×尾
　　　　　　　7×7

　　　14　　头尾相乘×2
　　　　　　1×7×2

289

轻轻松松!

只需 15 秒就能算出结果!

感觉我又进步了!

棒极啦!

保持这个节奏,凭实力成为计算名人吧!

两位数 × 两位数
"合十"与相同数的乘法篇

\ 关键是"合十" /

难易度★★★☆　脑力值★★★★★　实用性★★★★☆

如下面的例题所示：

· 头同，尾"合十"

· 尾同，头"合十"

· 一个乘数头尾同，另一个乘数头尾"合十"

用"头 × 头 + 相同数放前面，尾 × 尾放后面"的口诀计算。

例题

$$
\begin{array}{r} 68 \\ \times\,62 \end{array}
\qquad
\begin{array}{r} 86 \\ \times\,26 \end{array}
\qquad
\begin{array}{r} 66 \\ \times\,82 \end{array}
$$

$$
\begin{array}{r} 6\,8 \\ \times\,6\,2 \\ \hline 4\,2\,1\,6 \end{array}
\qquad
\begin{array}{r} 8\,6 \\ \times\,2\,6 \\ \hline 2\,2\,3\,6 \end{array}
\qquad
\begin{array}{r} 6\,6 \\ \times\,8\,2 \\ \hline 5\,4\,1\,2 \end{array}
$$

头×头＋相同数　尾×尾
6×6＋⑥　　　8×2

头×头＋相同数　尾×尾
8×2＋⑥　　　6×6

头×头＋相同数　尾×尾
6×8＋⑥　　　6×2

算一算。

① $$\begin{array}{r} 7\,6 \\ \times\,7\,4 \\ \hline \end{array}$$

② $$\begin{array}{r} 3\,4 \\ \times\,7\,4 \\ \hline \end{array}$$

③ $$\begin{array}{r} 8\,2 \\ \times\,3\,3 \\ \hline \end{array}$$

④ $$\begin{array}{r} 5\,5 \\ \times\,5\,5 \\ \hline \end{array}$$

· 直接计算，用时30秒；
· 用计算器计算，用时20秒；
· 用巧算秘诀计算，用时10秒。

用面积图表示

①
$$\begin{array}{r} 76 \\ \times\ 74 \\ \hline 5624 \end{array}$$

头×头＋相同数　尾×尾
7×7＋7　　6×4

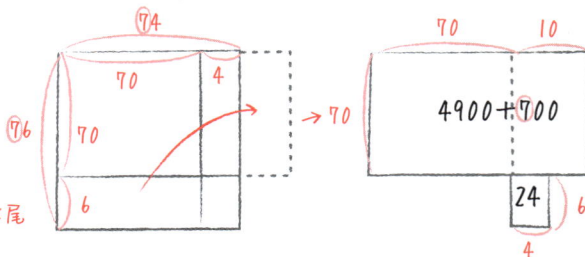

4900＋700

24

②
$$\begin{array}{r} 34 \\ \times\ 74 \\ \hline 2516 \end{array}$$

头×头＋相同数　尾×尾
3×7＋4　　4×4

用面积图表示

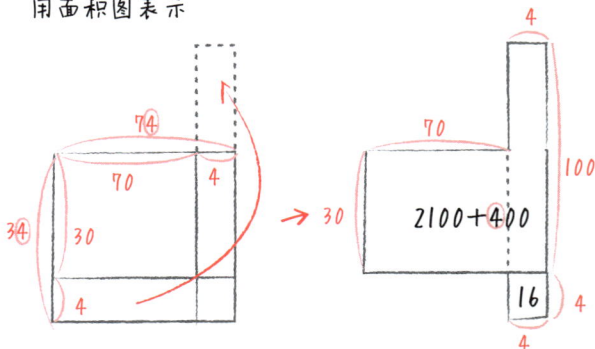

2100＋400

16

③
$$\begin{array}{r} 82 \\ \times\ 33 \\ \hline 2706 \end{array}$$

头×头＋相同数　尾×尾
8×3＋3　　2×3

用面积图表示

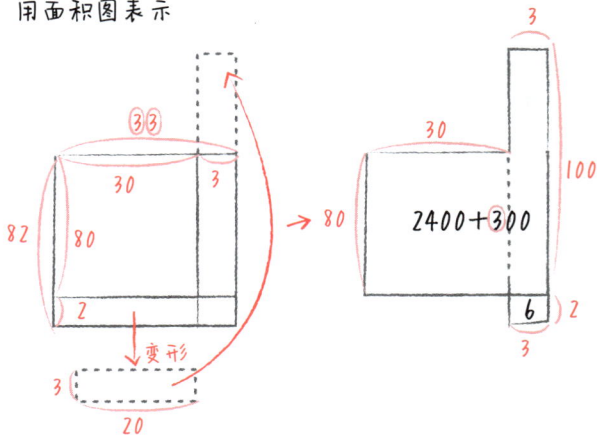

2400＋300

变形

④

$$\begin{array}{r} 5\;5 \\ \times\;5\;5 \\ \hline 3\,0\,2\,5 \end{array}$$

头×头＋相同数　尾×尾
　5×5＋5　　　　5×5

也可以用"巧算24"的方法计算

$$\begin{array}{r} 5\;5 \\ \times\;5\;5 \\ \hline 2\,5\,2\,5 \\ 5\,0 \\ \hline 3\,0\,2\,5 \end{array}$$

头乘头
5×5

尾乘尾
5×5

头尾相乘×2
5×5×2

轻轻松松!

只需 10 秒就能算出结果!

这个秘诀效率真高!

棒极啦!

我是计算"两位数 × 两位数"的"超能力者"!

神奇公式

"两位数 × 两位数"的巧算方法太厉害了。

除了"两位数 × 两位数"的巧算方法,还有其他乘法运算"超厉害"的速算方法吗?

嘿嘿……当然有了。

还有比之前学到的速算方法还厉害的"神奇公式"。

神奇公式?!

对!

要是学会运用"神奇公式",别说笔算高手了,就连珠算高手、计算器能手,都不可能比你算得更快、更准确!

如果这是真的,那就太厉害了!

但是……有点难以置信啊……

哈哈……

比如,你怎么计算 103×97 ?

列竖式计算……

```
        103
    ×    97
        721
        927
       9991
```

算出来啦！用了 10 秒。

太慢了！
如果运用"神奇公式"，只需 5 秒就能算出结果！

什么?!

先别惊讶，我们再看一题。你怎么计算 $57 × 57 − 43 × 43$？

嗯，如果使用"巧算 24"（见第 154 页）中的方法：

```
      57            43              3249
   ×  57         ×  43           −  1849
    2549          1609             1400
      70            24
    3249          1849
```

算出来啦！得数是 1400。

用了 15 秒！

还是太慢！
如果运用"神奇公式"，只需 4 秒就能算出结果！

什么?!

这还没结束呢! 你又该怎么计算 9996×9997 ?

四位数 × 四位数?

我不想列竖式计算了。哦，可以用计算器……

用计算器?

你不是想用速算的方法战胜电太的计算器吗?

其实如果运用 "神奇公式"，这个式子只需 3 秒就能算出结果!

什么?!

哈哈，你没听错。再给你出一题，你怎么计算 39÷1.625 ?

小数的除法?

难道……这个也能用 "神奇公式" ?

是的!

太厉害了!

我想学"神奇公式"! 我想学"神奇公式"! 我想学"神奇公式"!

好嘞!

这节课我们讲计算秘诀的最后一章——"神奇公式"!

哇！

好开心！

我跟你说，"神奇公式"我可不是随随便便谁都教的！因为你来到这里之后，一直认真学习速算秘诀，勤练速算技巧，所以我才教给你！

高田老师……

让你感受一下学会"神奇公式"的喜悦吧！

别卖关子啦！快讲吧……

神奇公式
999△×999◇篇
适用于相同位数的两数相乘

难易度★★★☆　脑力值★★★★　实用性★★★☆

　　运用"左减右补放前面，补数之积放后面，数位不够添 0 占位"的口诀，计算"九十几 × 九十几""九百九十几 × 九百九十几""九千九百九十几 × 九千九百九十几"。

例题 9996 × 9997

注意 0 的个数。

9996 × 9997

补数是 4　补数是 3

= **9993 0012**

9996－3　4×3

　思考两个乘数分别加上多少可以凑成 10000

★ 也可以用来计算"9△×9◇""99△×99◇"，切记数位不够添 0 占位！

用面积图表示

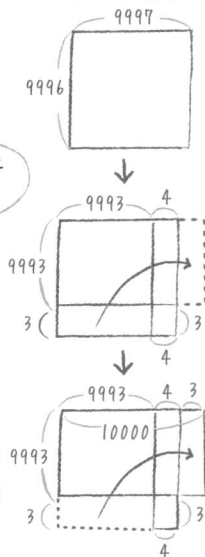

9997
9996

↓

9993　4
9993
3

↓

9993　4　4
10000
9993
3

列算式
9993×10000＋4×3
9993○○○○　4×3

9993　4　4
10000
9993
3

练习题

算一算。

① 98×97

② 996×993

③ 9992×9995

④ 99999×99999

·直接计算，
用时60秒；

·用计算器计算，
用时30秒；

·用巧算秘诀计算，
用时20秒。

答案

① **98 × 97**

补数是2　补数是3

思考两个乘数分别加上多少可以凑成100

= **95 06**

98-3　2×3

② **996 × 993**

补数是4　补数是7

思考两个乘数分别加上多少可以凑成1000

= **989 028**

996-7　4×7

③ **9992 × 9995**

补数是8　补数是5

思考两个乘数分别加上多少可以凑成10000

= **9987 0040**

9992-5　8×5

④ **99999 × 99999**

补数是1　补数是1

思考两个乘数分别加上多少可以凑成100000

= **99998 00001**

99999-1　1×1

轻轻松松!

只需 20 秒就能算出答案!

感觉真棒!

棒极啦!

计算以很多"9"开头的数的乘法时,请牢记口诀:

2 位数 × 2 位数 = 4 位数
3 位数 × 3 位数 = 6 位数
4 位数 × 4 位数 = 8 位数
5 位数 × 5 位数 = 10 位数

$$9\ 9\ 9\ 9\ 9 \times 9\ 9\ 9\ 9\ 9$$
$$= 9\ 9\ 9\ 9\ 8\quad 0\ 0\ 0\ 0\ 1$$

如上图,直接在算式下面写答案,能避免少写 0。

这个秘诀只适用于两个乘数位数相同的情况,位数不同时不适用。

要注意"999 × 9999"不适用此方法,这类乘法的巧算秘诀将在下一页介绍。请不要着急!

神奇公式
多位数×9999篇

\ "左−1" 很重要 /

难易度★★★☆ 脑力值★★★★★ 实用性★★★☆

运用"左−1放前面，右−（左−1）放后面"的口诀，计算"多位数×99""多位数×999""多位数×9999"。

例题 999 × 9999

$$\boxed{999} \times 9999$$

左乘数

左−1 $\boxed{998}$ 9999

$$-\qquad\qquad \boxed{998} \ (左−1)$$

———————————————

998   9001

→ 9989001

用面积图表示

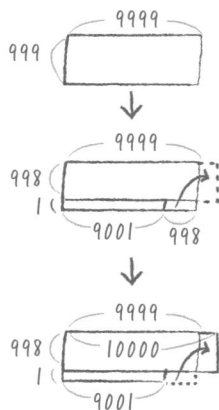

$$999 \left\{ \overbrace{}^{9999} \right.$$

$$998 \left\{ \overbrace{}^{9999} \right\} 1 \quad \underbrace{}_{9001} \quad 998$$

$$998 \left\{ \overbrace{10000}^{9999} \right\} 1 \quad \underbrace{}_{9001}$$

列算式

998×10000＋9999−998

＝9989999−998

算一算。

① 37 × 999

② 642 × 9999

③ 4321 × 999

④ 99999 × 9999

· 直接计算，
　用时80秒；
· 用计算器计算，
　用时40秒；
· 用巧算秘诀计算，
　用时30秒。

① 37×999

左乘数

左-1 36   999

$-$ 36   (左-1)

36   963 ⟶ **36963**

② 642×9999

左乘数

左-1 641   9999

$-$ 641 (左-1)

641   9358 ⟶ **6419358**

③ 4321×999

左乘数

左-1 4320   999

$-$ 4   320 (左-1)

4316   679 ⟶ **4316679**

④ **99999** × **9999**

左乘数

左－1 **99998**　　**9999**
　　－　　　**9**　　**9998**　（左－1）
　　　　　99989　　**0001** → **999890001**

另外，乘数互换位置，算起来更简单。

9999 × **99999**

左乘数

左－1 **9998**　　**99999**
　　－　　　　　**9998**　（左－1）
　　　　9998　　**90001** → **999890001**

轻轻松松！

只需 30 秒就能算出结果！

这也太快啦，真开心！

棒极啦！

只要学会"多位数 ×9999"的巧算，

你在解题时就会开心得合不拢嘴。

神奇公式
平方差篇

\ 把算式变形为 □×□－○×○ /

难易度 ★★☆☆　脑力值 ★★★★　实用性 ★★★☆

用□表示整十数、整百数、整千数或整万数，把算式变形为 (□＋○)×(□－○)，再利用平方差公式 (□＋○)×(□－○)＝□×□－○×○算出得数。

例题 57×43

用整十数 **50** 巧算

$$57 \times 43$$

$\boxed{50＋7}$　$\boxed{50－7}$

$$2500 \leftarrow \boxed{50 \times 50}$$
$$- \quad 49 \leftarrow \text{⑦}\times\text{⑦}$$
$$\overline{2451}$$

用面积图表示

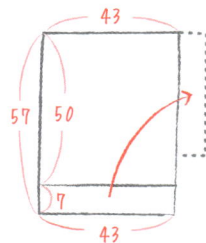

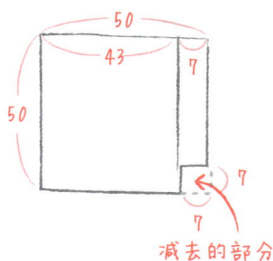

列算式
$50 \times 50 - 7 \times 7$

减去的部分

算一算。

① 103×97

② 709×691

③ 893×907

④ 4995×5005

· 直接计算，
用时100秒；
· 用计算器计算，
用时30秒；
· 用巧算秘诀计算，
用时20秒。

用整百数 100 巧算

① 103 × 97

100 + 3   100 − 3

10000 ← 100 × 100

− 9 ← 3 × 3

9991

"巧算7"
10000 − 9
−1↓ ↓−1
= 9999 − 8
= 9991

用整百数 700 巧算

② 709 × 691

700 + 9   700 − 9

490000 ← 700 × 700

− 81 ← 9 × 9

489919

"巧算7"
490000 − 81
−1↓ ↓−1
= 489999 − 80
= 489919

用整百数 900 巧算

③ 893 × 907

900 − 7   900 + 7

810000 ← 900 × 900

− 49 ← 7 × 7

809951

"巧算7"
810000 − 49
−1↓ ↓−1
= 809999 − 48
= 809951

用整千数 5000 巧算

④ 4995 × 5005

5000 − 5   5000 + 5

25000000 ← 5000 × 5000

− 25 ← 5 × 5

24999975

"巧算7"
25000000 − 25
−1↓   ↓−1
= 24999999 − 24
= 24999975

轻轻松松！

只需 20 秒就能算出结果！

感觉真棒！

棒极啦！

只要掌握"平方差"公式，解题思路一下就打开了。

神奇公式
（□+○+1）×（□-○）篇
（□表示整十数、整百数、整千数或整万数）
\ 把算式变形为□×□-○×○+α /
难易度★★★★☆　脑力值★★★★★　实用性★★★☆☆

以下例题，先把式子变形为可以运用"巧算29"的形式，再计算。

例题 54×47

$$54 \times 47$$
53+1

即使把算式变形为(50+4)×(50-3)，也无法运用神奇公式……　数字不同

$$= (53+1) \times 47$$
$$= 53 \times 47 + 1 \times 47$$
可以运用"巧算29"的方法计算！

用整十数50巧算
53×47
50+3　50-3
→ 2500 ← 50×50
－ 9 ← 3×3

$$= 2500 - 9 + 47$$
$$= 2500 + 38 \quad \triangle$$
先算！(2500不动，算起来更简便)
$$= 2538$$

算一算。

① **103 × 98**

② **709 × 692**

③ **895 × 906**

· 直接计算,
用时100秒;

· 用计算器计算,
用时30秒;

· 用巧算秘诀计算,
用时20秒。

答 案

① 103×98

$102+1$

$= (102 + 1) \times 98$

$= \boxed{102 \times 98} + 1 \times 98$

↓ "巧算29"

$= \boxed{10000 - 4} + 98$

$= 10000 + 94$ 先算！

$= 10094$

用整百数100巧算
102×98
$100+2 \quad 100-2$
$\rightarrow 10000 \leftarrow 100 \times 100$
$- \quad 4 \leftarrow 2 \times 2$

---

② 709×692

$708+1$

$= (708 + 1) \times 692$

$= \boxed{708 \times 692} + 1 \times 692$

↓ "巧算29"

$= \boxed{490000 - 64} + 692$

$= 490000 + 628$ 先算！

$= 490628$

用整百数700
巧算
708×692
$700+8 \quad 700-8$
$\rightarrow 490000 \leftarrow 700 \times 700$
$- \quad 64 \leftarrow 8 \times 8$

③　　895×906

$894 + 1$

$= (894 + 1) \times 906$

$= 894 \times 906 + 1 \times 906$

↓ "巧算29"

用整百数900巧算
894×906
$900 - 6 \quad 900 + 6$
→ 810000 ← 900×900
$- \quad\quad 36$ ← 6×6

$= 810000 - 36 + 906$

$= 810000 + 870$　先算!

$= 810870$

轻轻松松!

只需 20 秒就能算出结果!

真开心!

棒极啦!

掌握（□ + ○ +1）×（□ − ○）的巧算，计算比赛时不会手忙脚乱!

神奇公式
平方差的逆运算篇

\ 把算式变形为（△＋◇）×（△－◇）/

难易度 ★★☆☆　脑力值 ★★★★★　实用性 ★★★☆

如果△＋◇或△－◇是整十数、整百数、整千数或整万数，则根据平方差公式，先把算式△×△－◇×◇改写成（△＋◇）×（△－◇），再计算。

口诀：两数的平方差＝两数之和×两数之差。

例题 $57 \times 57 - 43 \times 43$

$57 \times 57 - 43 \times 43$　　$57+43=100$

$= 100 \times 14 = 1400$

和 两数之和
差 两数之差

$57+43$ 和　$57-43$ 差

宽 差

14

43

长 和

57

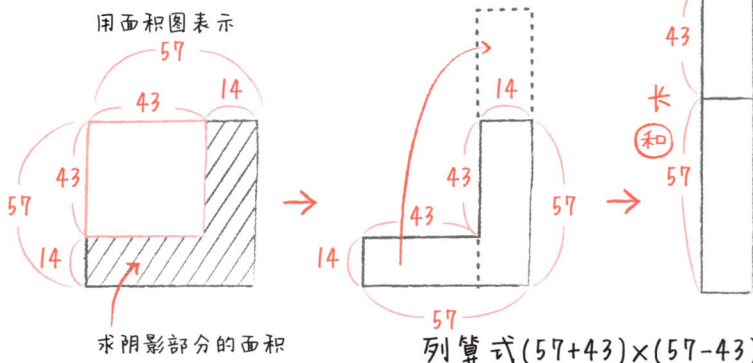

用面积图表示

求阴影部分的面积　　列算式 $(57+43) \times (57-43)$

算一算。

① $87 \times 87 - 13 \times 13$

② $455 \times 455 - 345 \times 345$

③ $421 \times 421 - 321 \times 321$

④ $789 \times 789 - 211 \times 211$

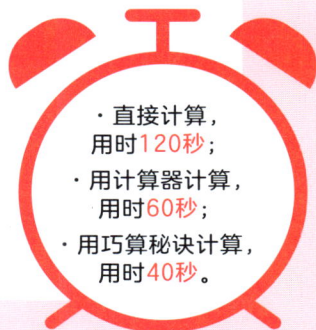

·直接计算，
用时120秒；
·用计算器计算，
用时60秒；
·用巧算秘诀计算，
用时40秒。

① $87 \times 87 - 13 \times 13$ — $87+13=100$
$= 100 \times 74 = $ **7400**

$87+13$ 和 $87-13$ 差

② $455 \times 455 - 345 \times 345$ — $455+345=800$
$= 800 \times 110 = $ **88000**

$455+345$ 和 $455-345$ 差

③ $421 \times 421 - 321 \times 321$ — $421-321=100$
$= 742 \times 100 = $ **74200**

$421+321$ 和 $421-321$ 差

★ 两数之和或两数之差是整十数、
整百数、整千数或整万数皆可。

④ **789 × 789 − 211 × 211**

$789 + 211 = 1000$

= 1000 × 578 = 578000

789 + 211　789 − 211
　和　　　　差

轻轻松松!

只需 40 秒就能算出结果!

太快啦!

棒极啦!

熟练运用平方差逆运算的"神奇公式",你将无往不利!

神奇公式
△ × （△+1）−◇ × ◇ 篇

\ 把算式变形为（△+◇）×（△−◇）+△ /

难易度 ★★★★　脑力值 ★★★★★　实用性 ★★★☆☆

以下例题，可以运用"巧算31"的变式计算。

例题 $57 \times 58 - 43 \times 43$

~~~~~~

$57 \times 58 - 43 \times 43$ ⟵ $57 + 43 = 100$

先把58写成57+1，再用"巧算31"计算
⟶ $58 = 57 + 1$

$= 57 \times (57 + 1) - 43 \times 43$

$= 57 \times 57 + 57 \times 1 - 43 \times 43$　这样看得
更明白

$= \boxed{57 \times 57 - 43 \times 43} + 57$

↓"巧算31"

$= \boxed{100 \times 14} + 57 = 1400 + 57 = \mathbf{1457}$

$57+43$　$57-43$
和　　差

算一算。

① $87 \times 88 - 13 \times 13$

② $456 \times 455 - 345 \times 345$

③ $421 \times 422 - 321 \times 321$

·直接计算，
用时100秒；

·用计算器计算，
用时50秒；

·用巧算秘诀计算，
用时30秒。

① $87 \times 88 - 13 \times 13$ 〔 $87 + 13 = 100$ 〕

$\longrightarrow 88 = 87 + 1$

$= 87 \times (87 + 1) - 13 \times 13$

$= 87 \times 87 + 87 \times 1 - 13 \times 13$

$= \boxed{87 \times 87 - 13 \times 13} + 87$

↓ "巧算31"

$= \boxed{100 \times 74} + 87 = 7400 + 87 = \textbf{7487}$

$\underset{\text{和}}{87 + 13} \quad \underset{\text{差}}{87 - 13}$

② $456 \times 455 - 345 \times 345$ 〔 $455 + 345 = 800$ 〕

$\longrightarrow 456 = 455 + 1$

$= (455 + 1) \times 455 - 345 \times 345$

$= 455 \times 455 + 1 \times 455 - 345 \times 345$

$= \boxed{455 \times 455 - 345 \times 345} + 455$

↓ "巧算31"

$= \boxed{800 \times 110} + 455 = 88000 + 455$

$\underset{\text{和}}{455 + 345} \quad \underset{\text{差}}{455 - 345}$

$= \textbf{88455}$

③ $421 \times 422 - 321 \times 321$

$\qquad \rightarrow 422 = 421 + 1$　　　　　$\boxed{421 - 321 = 100}$

$= 421 \times (421 + 1) - 321 \times 321$

$= 421 \times 421 + 421 \times 1 - 321 \times 321$

$= \boxed{421 \times 421 - 321 \times 321} + 421$

　　　↓ "巧算31"

$= \boxed{742 \times 100} + 421$

$\underset{\text{和}}{421+321}$　$\underset{\text{差}}{421-321}$

$= 74200 + 421$

$= 74621$

轻轻松松!

只需 30 秒就能算出结果!

式子虽然变长了,但是没有变麻烦!

棒极啦!

熟练掌握"神奇公式","$\triangle \times (\triangle + 1) - \diamond \times \diamond$"这类计算不再是难题!

神奇公式
等量分数篇

\ 再见，小数的乘法 /

难易度 ★★☆☆☆　　脑力值 ★★☆☆☆　　实用性 ★★★★★

计算小数的乘、除法时，可以先把小数转换成分数，再计算。请牢记表中这些常用小数的转换。

另外，比 1 大的小数可以按"比 1 大的小数→带分数→假分数"的顺序转换。

$0.25 \rightarrow \frac{1}{4}$	$0.75 \rightarrow \frac{3}{4}$	$0.125 \rightarrow \frac{1}{8}$
$0.625 \rightarrow \frac{5}{8}$	$0.875 \rightarrow \frac{7}{8}$	$0.375 \rightarrow \frac{3}{8}$

例题　　36×0.75　　$39 \div 1.625$

$$36 \times \boxed{0.75}$$

$$= \overset{9}{36} \times \boxed{\frac{3}{\underset{1}{4}}} \qquad \boxed{0.75} \downarrow \frac{3}{4}$$

$$= 27$$

$$39 \div \boxed{1.625}$$

$$= 39 \div \boxed{\frac{13}{8}}$$

$$= 39 \times \frac{8}{\underset{1}{13}} \quad \overset{3}{}$$

$$= 24$$

$$\boxed{1.625} \downarrow 1\frac{5}{8} \downarrow \frac{13}{8}$$

算一算。

① 28 × 0.25

② 27 ÷ 0.375

③ 48 × 1.125

④ 33 ÷ 2.75

· 直接计算，
　用时80秒；
· 用计算器计算，
　用时40秒；
· 用巧算秘诀计算，
　用时30秒。

答　案

① $28 \times \boxed{0.25}$

$$= 28 \times \boxed{\dfrac{1}{4}}$$

$\boxed{\begin{array}{c} 0.25 \\ \downarrow \\ \dfrac{1}{4} \end{array}}$

$$= 7$$

② $27 \div \boxed{0.375}$

$$= 27 \div \boxed{\dfrac{3}{8}}$$

$\boxed{\begin{array}{c} 0.375 \\ \downarrow \\ \dfrac{3}{8} \end{array}}$

$$= 27 \times \dfrac{8}{3}$$

$$= 72$$

③ $48 \times \boxed{1.125}$

$$= 48 \times \dfrac{9}{8}$$

$\boxed{\begin{array}{c} 1.125 \\ \downarrow \\ 1\dfrac{1}{8} \\ \downarrow \\ \dfrac{9}{8} \end{array}}$

$$= 54$$

④ $33 \div \boxed{2.75}$

$$= 33 \div \frac{11}{4}$$

$$= 3\overset{3}{\cancel{3}} \times \frac{4}{\cancel{11}_1}$$

$$= 12$$

$\boxed{\begin{array}{c} 2.75 \\ \downarrow \\ 2\frac{3}{4} \\ \downarrow \\ \frac{11}{4} \end{array}}$

轻轻松松!

只需 30 秒就能算出结果。

"转换"成功!

棒极啦!

你也快运用秘诀把自己"转换"成"计算能手"吧!

下一个轮到你了！

自从来到高田老师的"速算教室"，我的生活发生了很大的变化。
我把从高田老师那里学到的巧算秘诀教给了小算……

这个方法太棒了！
我很喜欢和你聊计算的话题。

我又能和小算愉快地聊天了。然后，我用从高田老师那里学来的巧算秘诀，在计算对决中挑战电太……

难以置信！我输得心服口服。你的方法真厉害！一定要教教我啊！
我也会和你分享关于计算器的各种知识。

我和电太也成了好朋友，我们经常愉快地探讨数学问题。
受小算的影响，我对图形的世界产生了兴趣；受电太的影响，我对计算器和计算机的世界也产生了兴趣。

知道得越多，越觉得数学的世界如此深奥！

我原本就喜欢数学，现在更喜欢了。

每当遇到令我疑惑或感兴趣的问题，我就自己调查、思考、总结。

回过神来才发现，不只是数学，我的其他科目的成绩也提高了。

因为数学，我学业和友情双丰收！

我想起了高田老师最开始说的话。

学习了速算知识，今后遇到计算题时你就能加快速度，减少犹豫，乘风破浪，除去困难。

确实如此。好了，下一个轮到你了！

我很期待看到你在阅读这本书的过程中收获进步与成长！

加利的故事到此结束。

著作权合同登记号　图字：01-2024-4795

图书在版编目（CIP）数据

速算数学脑：让思维开窍的 33 个计算秘诀 /（日）高田老师著；刘丹青译 . -- 北京：北京科学技术出版社，2025（2025重印）. ISBN 978-7-5714-3905-7

Ⅰ . O121.4-49

中国国家版本馆 CIP 数据核字第 202514GT17 号

策划编辑：刘　璐　尚思婕	电　话：0086-10-66135495（总编室）
责任编辑：李珊珊	0086-10-66113227（发行部）
责任校对：贾　荣	网　址：www.bkydw.cn
图文制作：史维肖	印　刷：北京宝隆世纪印刷有限公司
责任印制：吕　越	开　本：710 mm × 1000 mm　1/16
出 版 人：曾庆宇	字　数：81千字
出版发行：北京科学技术出版社	印　张：12.5
社　　址：北京西直门南大街16号	版　次：2025年3月第1版
邮政编码：100035	印　次：2025年11月第2次印刷
ISBN 978-7-5714-3905-7	

定　　价：69.00元